馬油の力

BAHYU NO CHIKARA

驚異のパワー！
美肌、育毛、肩こり、冷え性まで、
すごい効果

症状に効果を発揮する!

馬油は自然由来の万能薬

馬油とは、馬の脂肪から採取した動物性の天然油のこと。食用として飼育される馬の腹やたてがみなどの皮下脂肪を加熱・濾過《ろか》し、不純物を取り除いてつくられます。

5～6世紀に中国の医師が書いた書物には、「馬の油は髪を生ず」と書かれていました。その後の薬学書にも、馬油の数々の効能が書き記されています。

最古の記述から約１５００年の時を経て、日本で馬油がブームになったのは、今から約30年前のこと。育毛、傷や皮膚炎、体の痛みなどに塗って効果があると評判になり、一家にひとつ、家族みんなが使う常備アイテムとなりました。現在も馬油の驚くべき効果を多くの人が実感しているのです。

そして今、美容オイルとしても脚光を浴び、再びブームに。日本だけでなく、外国人観光客にも日本の馬油が人気となっています。

美肌をキープ

シミ・シワ
日焼け・ニキビ
肌荒れ

今、静かなブーム

馬油は、こんな

皮膚を守る

やけど・湿疹
切り傷・あせも
水虫

育毛を促進

抜け毛・白髪
フケ・かゆみ
ダメージ髪

痛みを和らげる

肩こり・腰痛
膝痛・打撲
捻挫

体の不調にも

冷え性・便秘
めまい・耳鳴り
不眠

炎症を抑える

口内炎・鼻炎
花粉症・痔
ぜんそく

馬油の成分は人の皮脂と似ている!

だから、肌にやさしくなじむ

馬油の特性、それは動物性油と植物性油の中間の性質を持っていることです。脂肪酸には飽和脂肪酸と不飽和脂肪酸があり、動物性油は飽和脂肪酸を多く含み、植物性油は不飽和脂肪酸を多く含みます。

馬油は動物性油ですが、不飽和脂肪酸を多く含むのが特徴で、人の皮脂との脂肪酸の構成比率がほぼ同じなのです。さらに、不飽和脂肪酸のひとつ、α-リノレン酸を豊富に含むことも特徴です。

この成分の働きと効果が、馬油の持つさまざまな力につながっているとも言われています。

脂肪酸の構成比

	飽和脂肪酸	不飽和脂肪酸
皮脂	4	6
馬油	4	6
植物油	2	8
牛脂	7	3

なぜ、やけどや傷が早くよくなるのか？

それは馬油の高い浸透力にある

馬油は人の皮脂と大変よく似ていることから、短時間で皮膚の奥深く浸透します。

浸透した馬油は、皮膚内部の空気と置き換わり、油膜をつくります。それによって皮膚の酸化を防ぎ、炎症を鎮めます。

また、皮膚に入り込んだ細菌を油の中に閉じ込め、細菌の繁殖を防ぎ、化膿《かのう》を食い止めます。さらに浸透した馬油の刺激と、皮膚の表面が油膜により保湿・保温されることで血液循環がよくなり、皮膚の回復を早めます。

これらの作用が合わさって、やけどや切り傷などの治りが早くなるのです。

血流を改善して痛みが和らぐ

これも馬油の浸透力による作用

長時間スマホを見ることやパソコンを使ったデスクワーク、運動不足などが原因で、多くの人を悩ませる肩こりや腰痛。加齢とともに増える膝痛や五十肩……。

さまざまな痛みを緩和するのに馬油が効果的と言われる理由は、血行促進作用、保湿・保温作用によるものです。

痛いところに馬油を塗って、さする。また、場所や痛みによってはマッサージやツボ押しを併せて行うことで血行がよくなり、痛みが和らいできます。

馬油の血行促進作用は、痛みだけでなく、さまざまな体の不調の改善にも役立ちます。

粘膜やデリケートな部分にも使える

花粉症対策のひとつにも

馬油はもともと食用油なので、授乳中のお母さんの乳首ケアに使い、赤ちゃんの口に入っても基本的には問題ありません。また、皮膚と同様に、鼻や口の中、肛門などの粘膜にも使うことができます。

近年増加している花粉症対策のひとつにもなっている馬油。鼻の中に塗って粘膜を保護し、花粉を粘膜に接触させないようにするとともに、乾燥を防いで炎症を起こしにくくするのです。

副作用がほとんどないので、体のデリケートな部分に塗ることや、肌に合うかどうか試しに使ってみることもできるのです。

有名人も愛用

美と健康のサポートアイテム

美容研究家、女優、モデルにも人気

血行促進作用によって新陳代謝が活発になり、肌や髪のターンオーバーを改善することや、保湿・保温効果が高いことから、美容オイルとしての馬油人気が高まっています。

美容研究家、女優、モデルなどが愛用していることがメディアや口コミで広がり、馬油を使ったさまざまなスキンケアの方法も紹介されています。

シミやシワ、ニキビ、乾燥肌などの肌トラブルを予防するアイテムとして、また、頭皮や髪の毛に浸透して健康でつややかな髪をつくるアイテムとして、女性だけでなく男性にも愛用者が増えています。

馬油の力 CONTENTS

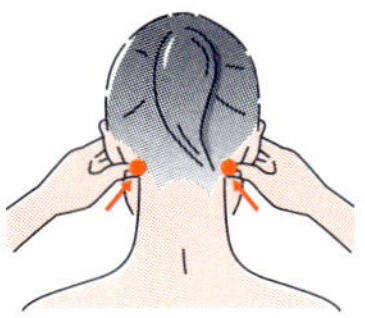

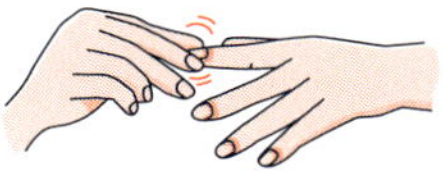

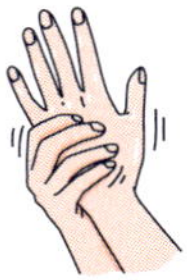

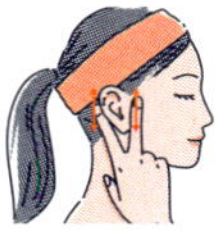

＜参考文献＞

『「馬の油」の成分に凄い薬効があった―シミ・小ジワから慢性病に驚くべき治癒効果』（主婦と生活社）

『馬油と梅雲丹の研究』（丸善株式会社福岡支店出版サービスセンター）

『家庭の万能薬「馬の油」―ぬるだけでシミ、抜け毛、関節の痛みに抜群の効果！』（マキノ出版）

＊その他、馬油関連のサイトを参考にしました。

第1章

馬の油に秘められたパワー

馬油のすごい力

古来より民間薬として使われてきた、
馬からとれる天然油「馬油」。
その歴史と、馬油だけが持つ特性について
見ていきましょう。

約4千年前の中国で使われていた

中国にルーツを持つ馬油は貴重な民間薬として用いられてきた

馬油は今では広く知られていますが、その歴史や由来をご存じでしょうか。文献を丹念に調べてみると、馬油のルーツは中国にあることがわかりました。

約4000年前、中国騎馬民族の時代からすでに、馬の油が傷の治療などに使われていたと伝えられています。

5〜6世紀に活躍した中国の医師・陶弘景の『名医別録』には、「馬の油は髪を生ず＝(馬の油で毛が生える)」という記述が残されています。

この頃すでに馬油が薬用とされていたことがわかります。

また、16世紀頃、中国の医師・李時珍が書いた薬物学書『本草綱目《ほんぞうこうもく》』では、馬油はシミやそばかすを取る、手足の荒れを治す、筋肉痙攣《けいれん》を緩和する、そしてここにも毛が生えてくる、と記述があったのです。

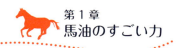

日本に上陸。万能薬として広まる

やけどや切り傷の特効薬として武士や庶民の間で広まった

馬油が日本に伝わった時期は諸説ありますが、奈良時代に日本に渡来した唐の名僧が、奈良の都に北上する道中、大宰府・筑紫野地方で馬の油の効用を伝えたことが始まりと言われています。戦乱の時代に入ると、馬油は武士たちの軍中膏（膏薬）として使用され、やがて庶民の間でも万能薬として使われるようになります。

江戸時代に、大道商人がやけどや切り傷の特効薬として売っていた「ガマの油」は、実は馬油だったという説があります。当時は「生類憐みの令」により馬や牛の殺生が禁止されていたため、馬の油だと公言できず、「我が馬の油」→「我馬《がま》の油」→「ガマの油」ともじって売られたと言われています。

長い歴史を経て現在も、馬油を使った民間療法は多く残っています。やけどや切り傷の他にも、皮膚の疾患や痛みに効くなど、多彩な効用が報告されています。

皮膚の奥深くまで強力に浸透する

人間の皮脂に近い性質を持ち害がなく、良い効果をもたらす

馬油が持つ最も優れた力、それは非常に高い浸透力です。馬油自体はべっとりしていますが、肌につけるとすぐにスーッと染み込んでいき、サラサラになります。ちょっとつけ過ぎたなと思っても、べとつき感は残りません。

なぜ高い浸透力があるかというと、馬油は人間の皮脂にとても近く、人の体温で融解するという特性を持つからです。馬の油以外の動植物の油は皮膚の奥深くまでは浸透しませんし、空気を奥に残したまま皮膚の表面を覆うだけです。しかし馬油は、短時間で皮膚の奥深くまで浸透し、空気を追い出して置き換わります。この特性が、さまざまな〝すごい力〟をもたらすのです。

皮膚に浸透し、肌や人体に害を及ぼす油もありますが、その浸透力が良い効果をもたらすという点は、馬油だけが持つ力なのです。

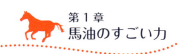

抗酸化作用と殺菌作用

体の外部と内部の酸化を防ぐ力
皮膚の化膿を食い止める力

高い浸透力で皮膚に染み込んだ馬油は、皮膚の表面から毛穴、さらに皮膚の奥深くまでの空気を追い出して置き換わり、油膜を張って外部と遮断します。これにより、内部の空気による酸化と、外部からの二次的な酸化を防止する働きがあります。活性酸素などの酸化性物質の生成を抑え、皮膚の細胞が老化するのを防ぎます。これが、馬油の抗酸化作用です。

また、馬油には殺菌作用もあります。油膜をつくることで外部から細菌類が入ることを防ぎ、さらに皮膚の奥深くに浸透した馬油は、細菌類を吸収して油の中に閉じ込めてしまいます。この捕菌効果で細菌類の繁殖を抑え込んでしまうので、皮膚の化膿を食い止めるのです。やけどや切り傷の化膿を食い止め、傷跡をほとんど残すことなく治すことや、水虫の殺菌などで、特にこの効果が実感できます。

炎症を鎮め、熱を取り去る力

皮膚に浸透し、酸素を排除・遮断
抗炎症作用につながる

馬油は昔から、「やけどに効く」と広く用いられてきました。「やけどの民間薬」として、馬肉料理専門店が赤身肉を食用にした後、残った脂肪を集めて売っていたこともあります。また、馬の肉を湿布として使う民間療法もありました。

これは、炎症を鎮め、熱を取り去るという馬油の力を利用したものです。

やけどをすると、外部からの加熱によって皮膚が燃えている状態になり、水で冷やしている間も皮膚にある酸素で燃え続けます。そこに馬油を塗ると、皮膚内部に浸透し、空気（酸素）を追い出し、外部からの空気も遮断するため、燃焼が食い止められます。それによって炎症が鎮められるというわけです。

また、患部の熱を取り去る作用もあるので、やけどや日焼け後の肌の回復を促すことや、打ち身や捻挫などで患部が腫れて熱を持っている場合にも効果があります。

血液循環促進、体を温める力

皮膚に油膜を張ることで保湿・保温
浸透した馬油の刺激と成分で血行促進

馬油には熱を取り去る力がある一方で、血液の循環を促進して体を温める力もあります。

馬油を顔や手などに塗ってみると、なんとなくポカポカしてきます。

これは、皮膚の奥深くに浸透した馬油による刺激で血流が盛んになり、血行が促進される働きがあるから。そして、皮膚の表面に薄い油膜ができ、その膜によって保湿性、保温性が高まり、血液の循環がよくなるからです。

馬油はサラサラとして少量でもとてもよくのびるので、広い範囲に素早く膜をつくって保湿、保温されます。手のひらですり込んでいくとマッサージ効果も加わって、血行不良が改善されていきます。

血行促進の効果については、馬油特有の成分である不飽和脂肪酸のひとつ、α－リノレン酸の働きによるところもあります。

馬油と人の皮脂には親和性がある

動物性油と植物性油の中間の性質　不飽和脂肪酸を多く含む

馬油の成分は人間の皮脂にとても近く、高い親和性があることがわかっています。

脂肪は大きく飽和脂肪酸と不飽和脂肪酸に分かれており、馬油と人の皮脂では、「飽和脂肪酸：不飽和脂肪酸」が４：６でほぼ同じです。

馬油以外の動物性油には飽和脂肪酸が多く、牛脂ではその比率はおおよそ７：３、逆に植物性油には不飽和脂肪酸が多く、比率はおおよそ２：８です。

脂肪酸組成の比較

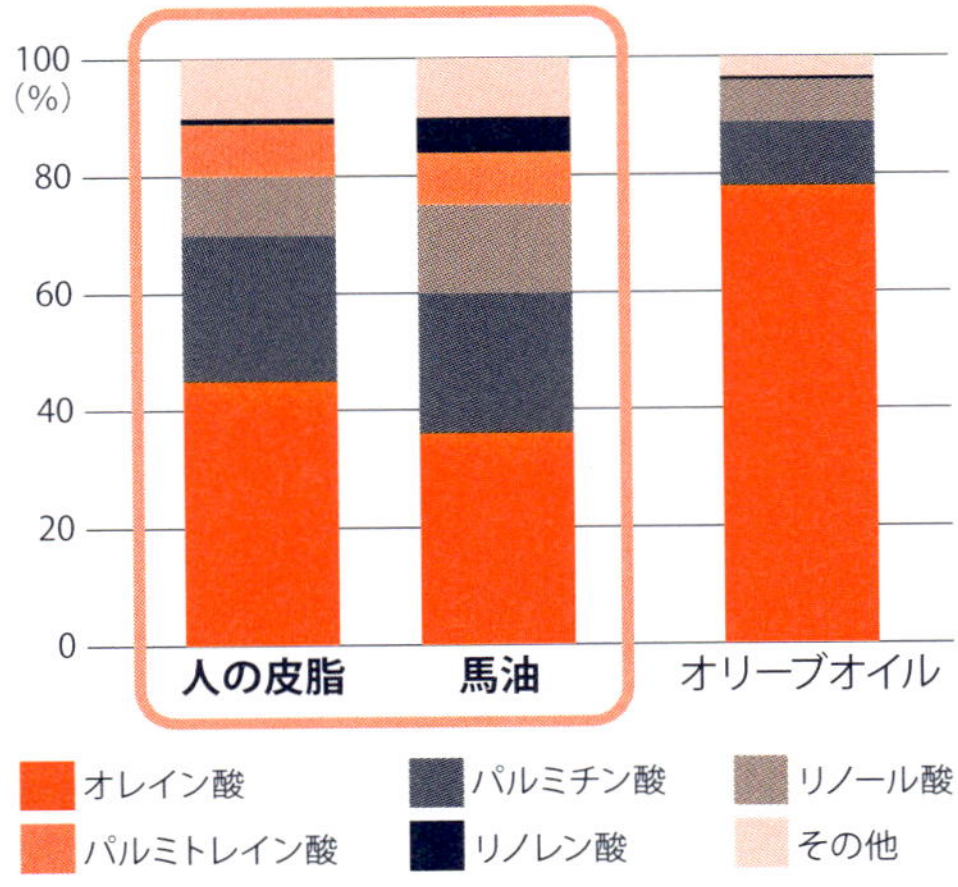

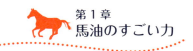

馬油は、動物性油と植物性油の中間の性質を持っており、さらに両方の良い点を併せ持つことがわかっているのです。

不飽和脂肪酸は皮膚に対する浸透性がいいこと、さらに馬油は人の皮脂に近い特異な性質を持ち、人の体温で融解することから、高い浸透力を発揮し、肌や髪など外部だけでなく、体の内部にもさまざまな効果をもたらします。

馬油には、不飽和脂肪酸のなかでも質の良い高度不飽和脂肪酸が多く含まれています。高度不飽和脂肪酸は体内でつくることのできない必須脂肪酸で、これが不足すると発育障害や皮膚障害を起こす可能性があります。

この必須脂肪酸のひとつ、α－リノレン酸は、えごま油やアマニ油、くるみなどに多く含まれることでも知られ、血液をサラサラにする、生活習慣病を予防する、アレルギーを抑制するなどの作用があると言われています。

馬油の持つ力の秘密はα－リノレン酸を多く含むことにあるのではないか、とも言われているのです。

第2章

美容と健康をサポート

馬油の効能・効果

馬油だけが持つ浸透力、
それによる特性を活かし、肌や髪、体の内部まで、
美と健康を保つことができます。
さまざまな効能・効果を見ていきましょう。

新陳代謝を活発にし、肌を美しくする

馬油を使うと
美顔マッサージが簡単、効果的に

「いつまでもみずみずしくハリのある美しい肌を保ちたい」というのは、女性みんなの永遠の願いです。しかし、年齢を重ねるごとに乾燥し、シワが増え、皮膚の新陳代謝が衰えてシミが消えなくなります。皮膚の弾力がなくなり、首の肉がたるんで二重顎になる人もいます。こうした肌の変化が生じると急に老けたように感じ、気持ちの変化が老化を促すことにもつながります。

この肌の衰えに潤いを与えるのが、馬油です。

中国の薬物学書『本草綱目』には、馬の肉（油）はシミを取るのに効果があると記されています。これは、馬油の血行促進作用によって血液の巡りが改善され、新陳代謝が活発になるからです。また、肌の乾燥を防ぐ保湿作用は、シワの予防・改善に効果をもたらします。

シミやシワ、乾燥肌などを改善するには、馬油を使ったマッサージが有効です。

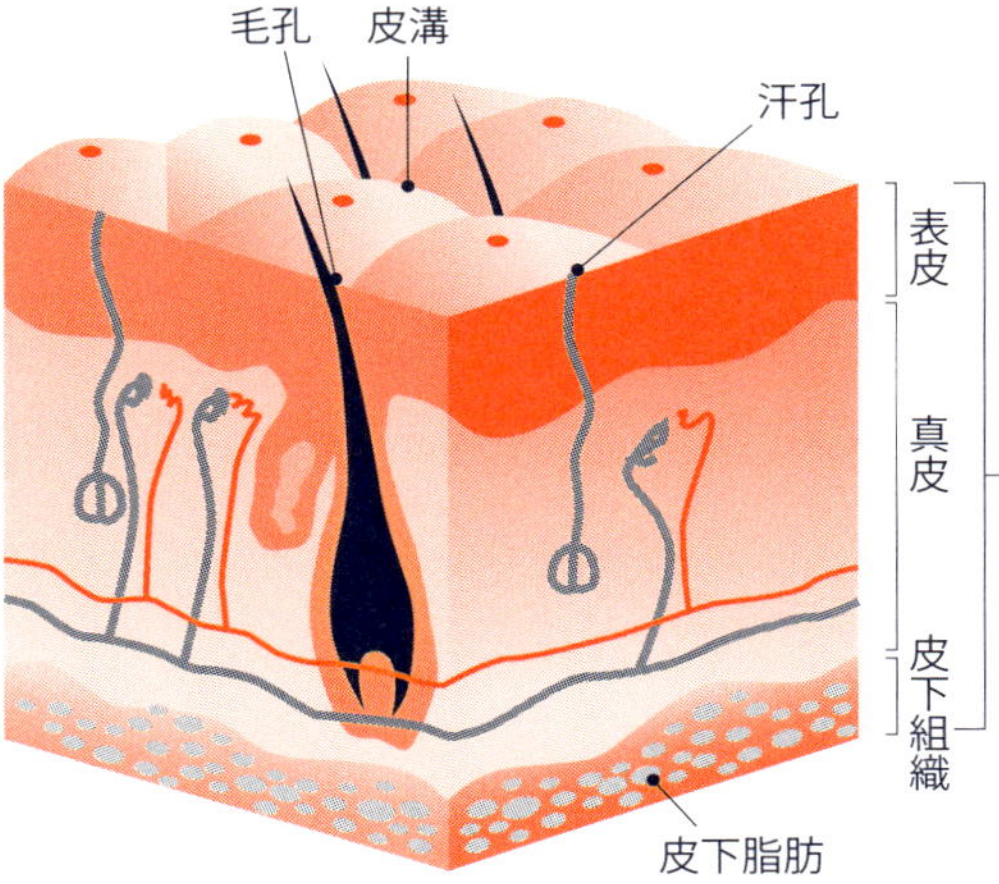

【皮膚の断面図】

馬油は皮膚の奥深くまで浸透する

顔のマッサージはそれなりの技術が必要であり、素人がむやみにマッサージを行うと、刺激が強すぎてシミや小ジワを減らすどころか、逆に増やしてしまうことがあります。

しかし馬油を使うと肌のすべりがよくなり、難しいといわれる顔のマッサージが簡単に、より効果的にできるようになります。

また、１か月間、馬油の美顔マッサージを続けることにより、肌が生まれ変わるターンオーバーの周期を正常に保てるようになると考えられています。

美肌をつくる根本は心身の健康を保つことであり、食事、運動、睡眠、そして若々しい気持ちでいることが大切です。そのうえで馬油を使うと、よりよい効果を得ることができるでしょう。

栄養と刺激を与え、髪を健康に保つ

頭皮に浸透した馬油の力で抜け毛や白髪を防ぐ

中国の薬物学書『名医別録』や『本草綱目』に「馬の油は髪を生ず」という記述があるように、古くから馬油は抜け毛予防や健康な髪を保つために使われていました。

髪の毛は絶えず再生を繰り返しており、一日に50〜100本くらいが自然に脱毛し、生え替わっているといいます。しかし、生え替わった健康な髪にパーマやカラーなどをすると活性酸素が発生してしまい、髪の毛の老化を早めてしまうことがあります。また、アルコール飲料の飲み過ぎや塩分のとり過ぎなど偏った食生活を続けていると、髪にしっかりと栄養が行き届かなくなり、髪のつやがなくなり、白髪も増えてきます。

つまり、こうした習慣により体内が酸化し、血流が悪くなり、毛根・毛乳頭まで栄養が行き届かないと髪の色やつやが悪くなり、白髪や抜け毛になってしまうのです。

白髪や抜け毛は、のりやわかめなどヨードを多く含んだ海藻類や良質なたんぱく質、亜

【頭皮の断面図】

馬油の浸透力で頭皮の血行を促進

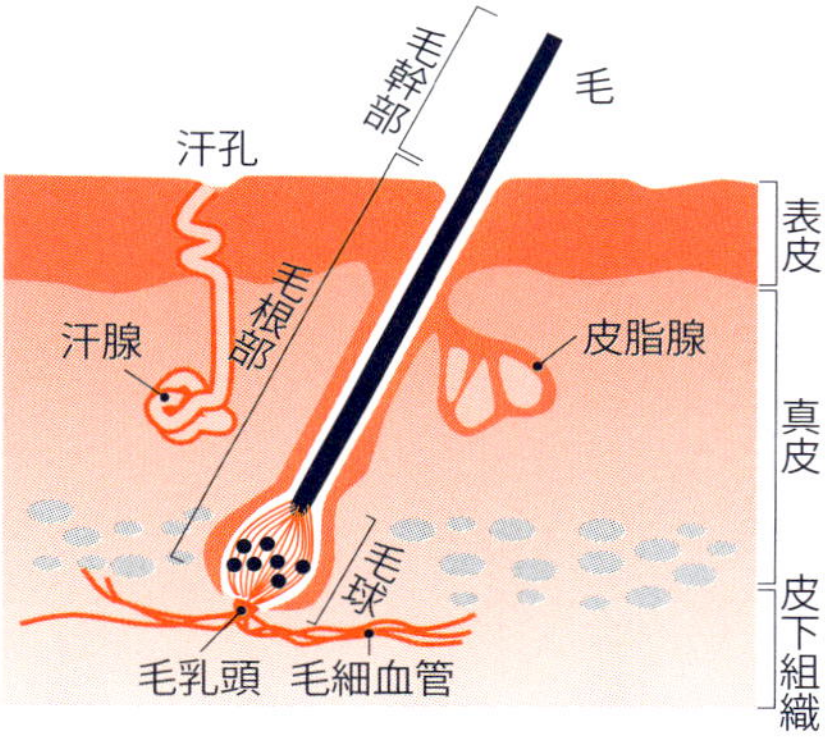

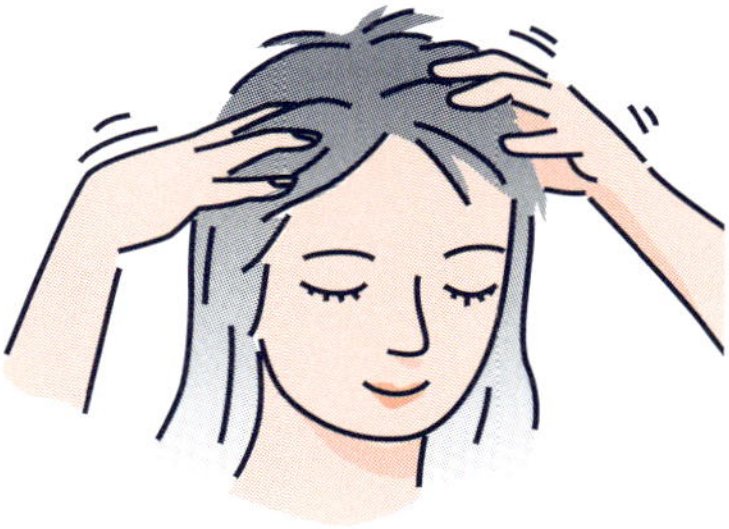

鉛、ビタミンA・B・C・Eなどを含む食べ物を摂り、バランスのいい食生活をすることで予防・改善できると言われています。

そこに馬油をプラスすると、体の内側と外側からケアすることができ、より高い予防・改善が期待できるのです。

馬油を頭皮につけ、もみ込むようにマッサージすると、馬油が頭皮に浸透し、栄養と刺激が与えられ、保湿性・保温性が高まることで血液の循環がよくなります。

さらに、マッサージによって頭部にあるツボが刺激され、髪の発育を促進し、成長を助けます。

頭皮血管の血行がよくなることで新陳代謝がよくなり、毛髪の再生の周期も正常に戻ってくるのです。

皮膚に浸透し、炎症を抑える

殺菌作用、血行促進作用などが合わさってやけどや皮膚炎を改善

馬油には、皮膚の奥深くに浸透して空気と置き換わり、細菌類を吸収して油の中に閉じ込めてしまう捕菌（殺菌）作用があり、皮膚の化膿を食い止めます。そして、油膜を張って空気を遮断することで、活性酸素の生成を抑えるなど二次的な酸化を防ぎます。また、皮膚に浸透した馬油の刺激により、血行が促進される作用もあります。これらの働きが合わさって、皮膚の炎症を鎮めることができるのです。

馬油に含まれる有効成分、不飽和脂肪酸のひとつであるα－リノレン酸には、血流改善・血行促進、皮膚の新陳代謝を上げる、殺菌作用・抗菌作用、抗アレルギー作用などがあり、この成分が炎症を抑える効果に関わっていると言えます。

やけどや日焼けの場合、馬油の成分が浸透し、熱を取り去る作用の他さまざまな作用が合わさり、皮膚を元通りにしていきます。

これらの作用が合わさって、炎症を鎮める

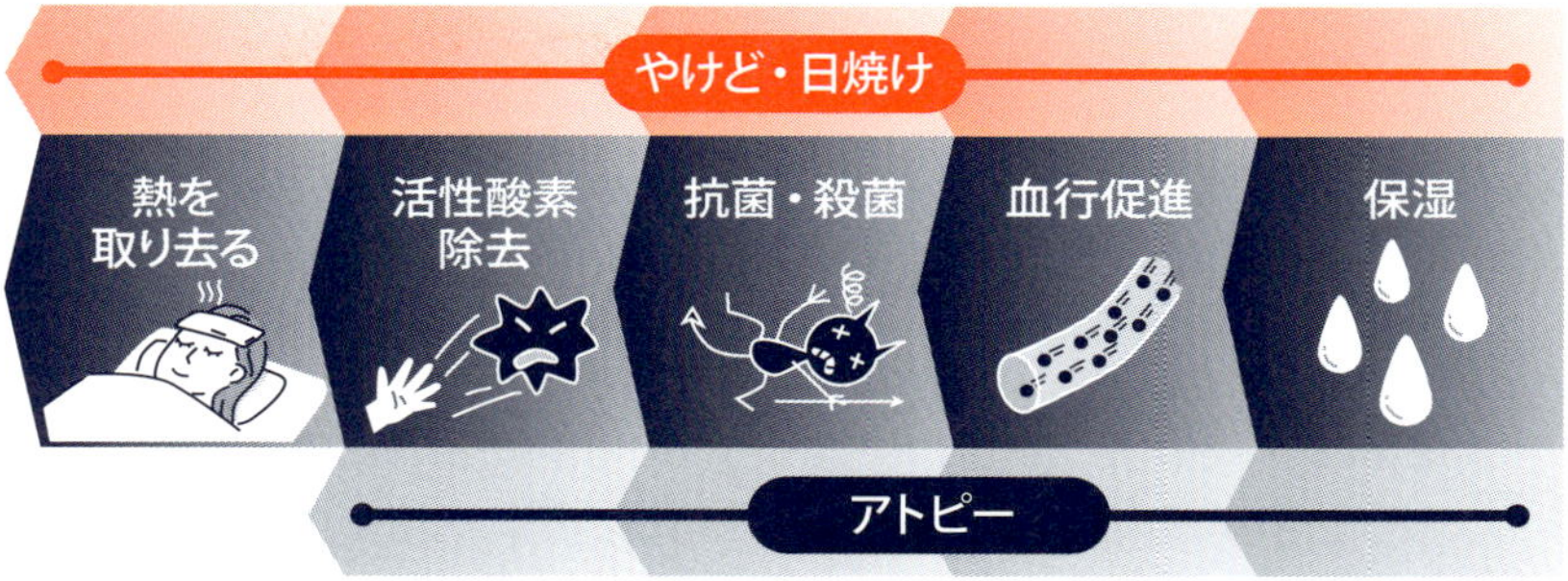

アトピー性皮膚炎の場合は、馬油の抗菌作用、活性酸素除去作用、血行促進作用などが合わさり、症状改善が期待できます。アトピー性皮膚炎は、乾燥により皮膚のバリア機能が低下し、炎症を起こしやすくなっている皮膚に、汗やほこり、摩擦などの刺激が加わって起こります。

そこで、肌の表面と肌の内部で保湿力を発揮し、バリア機能の形成をサポートする馬油が有効だと言われています。

ただし、アトピー性皮膚炎でも、人によって症状はさまざまで、馬油を塗っても効果がない場合もあります。しかし、不純物の少ない高純度の馬油であれば、薬のようにその部分が悪化することも少ないので、安心して試すことができます。

耳、鼻、喉、デリケートな部分にも

粘膜を保護して保湿し、菌の繁殖～炎症を抑える

馬油はもともとラードと同じように食用なので、新しいものであれば基本的に口に入れても問題ありません。ですから、全身どこでも使うことができます。馬油は皮膚に浸透してさまざまな効力を発揮しますが、体の表面の皮膚だけでなく、鼻、耳、口の中、陰部、肛門などの粘膜部分にも同じように使うことができるのが特徴です。

空気が乾燥すると鼻や喉の粘膜も乾燥し、防御機能が低下します。すると、粘膜に細菌などが侵入して炎症が生じ、鼻づまりや喉の痛みが起きてしまいます。

鼻の働きのひとつに、体に入ってくる空気の湿度や温度を調節して肺の中に送り込む加湿器のような役割があります。ところが鼻の中に炎症を起こすと鼻腔の中が熱を持って乾燥してしまい、加湿器の役割を果たさなくなってしまいます。そうなると、細菌、雑菌などが繁殖しやすくなるというわけです。

馬油を塗る

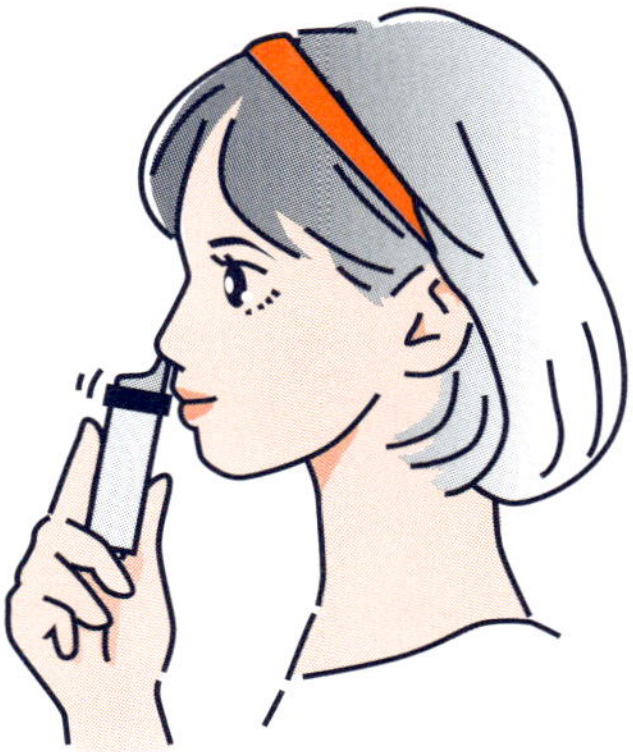

馬油を塗る前に鼻うがいをする

このようなとき、保湿効果があり、熱を取り去り炎症を抑える馬油は、格好の〝粘膜保護剤〟となります。

馬油を鼻の中に塗ると、ヒダの隅々まで浸透し、粘膜に適度な湿り気を与え、炎症のある患部を外気から遮断し、細菌類を油の中に閉じ込め、炎症を抑えて症状の悪化を防ぎます。

さらに、馬油の血行促進作用で自然治癒力も向上します。

鼻の場合は、花粉やハウスダストなどによるアレルギー性鼻炎にも効果があると言われています。

そのほか、中耳炎、口内炎、膣炎、痔など、デリケートな部分の炎症を抑えることにも馬油が使われています。

血流、血行がよくなり健康に

冷えによる体の不調を改善
脂肪燃焼を助ける働きも

馬油の高い浸透力による刺激によって血行が促進される作用、保湿性・保温性によって血液の循環がよくなる作用は、さまざまな症状の改善に役立ちます。血液の循環が悪いために引き起こされる肩こりをほぐす、腰痛を和らげる、目の下のクマをとるといった効果、さらに、血行がよくなり新陳代謝がよくなることでシミやシワも改善されます。

また、デスクワークによる運動不足やストレス、冷房などによって、女性だけでなく男性も増えているという「冷え性」にも、馬油が役立ちます。

冷えは血液の流れが衰えていることを示しています。「冷えは万病のもと」と言われ、腰痛、肩こり、頭痛、不眠、生理痛や生理不順などさまざまな体の不調の原因となるだけでなく、免疫力を低下させる原因にもなります。

そこで、お風呂で体を温めた後、冷える場所に馬油を薄くのばしてすり込むようにマッ

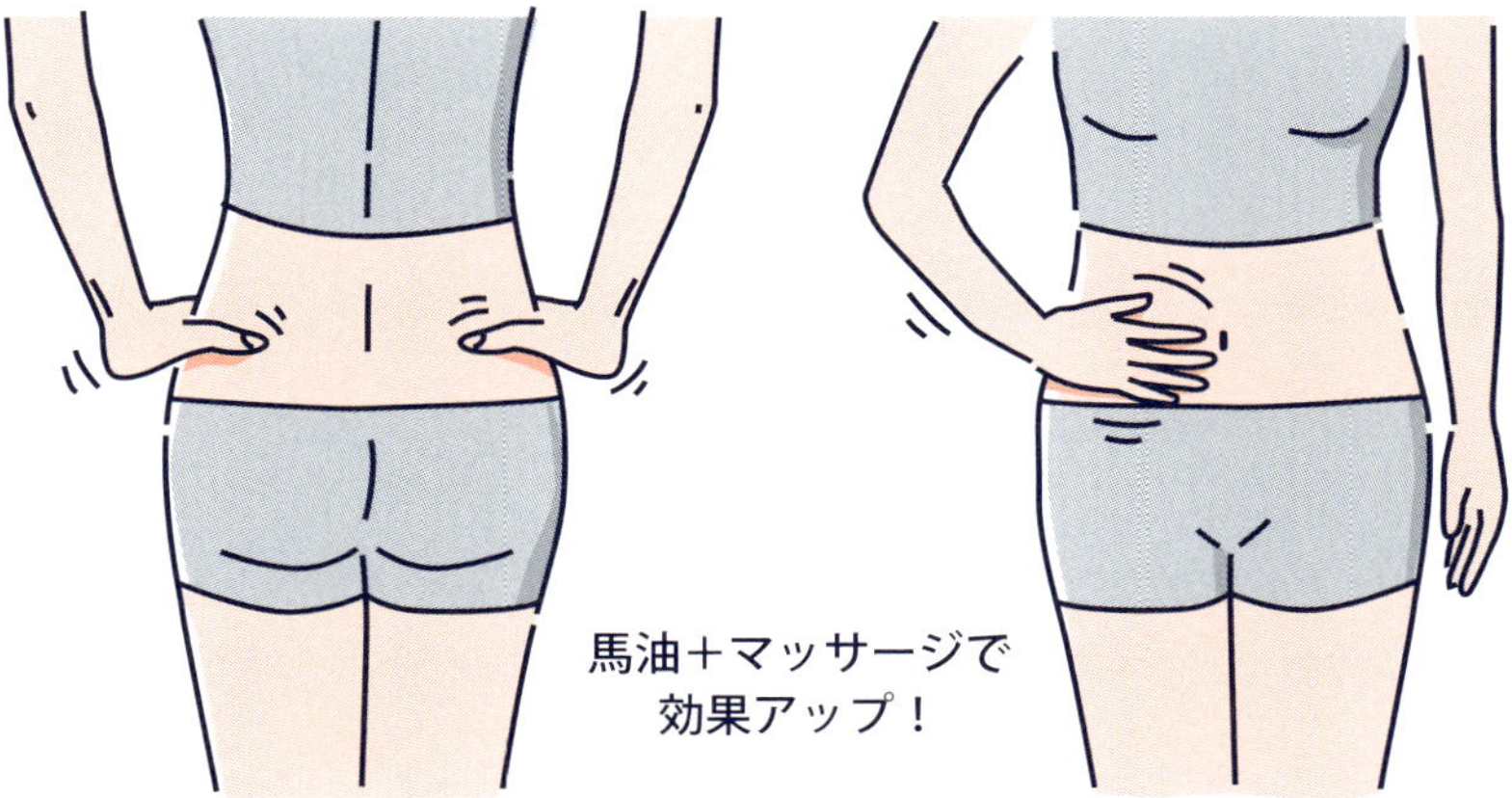

サージすると、馬油の持つ力とマッサージの両方の効果で、血行促進の作用がより強力になり、冷えを感じる場所がポカポカ温まってきます。

さらに、馬油の血行促進作用は、体の不調を治すだけでなく、脂肪燃焼も促進させます。お腹の脂肪を取りたいとき、馬油をお腹に塗ってマッサージすると、血行がよくなって新陳代謝を活発にし、脂肪の燃焼を促してくれるのです。

また、マッサージによって、弱っている小腸や大腸の働きを高めて消化器の働きが整えられることで体調がよくなり、体内で脂肪が無駄なく燃焼されるようになります。馬油とマッサージの両方の力によって、より効果が大きくなるというわけです。

血行促進作用で痛みを緩和する

血液の流れが悪いことで起こるさまざまな痛みに有効

馬油には、皮膚や筋肉の血行を促進する作用、うっ血や血行障害など血液の滞りを散らす作用、硬くなった皮膚を柔らかくする作用、痛みや腫れを和らげる抗炎症作用などがあり、馬油が皮膚によく浸透したときに効果を発揮します。

前述した肩こりや冷え、腰痛のほかに、筋肉痛をとる効果もあり、スポーツ後に馬油を塗ってマッサージすると、その後の筋肉痛を緩和することができます。

神経痛やリウマチに関してはさまざまな原因がありますが、馬油を塗ってさするというセルフケアで辛い痛みを緩和することができます。

関節痛・神経痛は、冷えによる血行不良によって痛みを増長させるので、馬油の血行促進作用によって体が温まり、症状が和らぎます。リウマチの場合は、血行促進作用に加え、炎症を鎮め、熱を取り去る作用も、関節や腱、筋肉の痛みの緩和に有効です。

第3章

正しく使って効果的に

症状別 馬油の使い方

美肌、育毛、皮膚、痛み、炎症、
体の不調など症状別に、
馬油の具体的な使用方法を解説していきます。
よりよい効果を得るために、
正しい使い方を知りましょう。

シミ

肌のターンオーバーの周期を修正してシミを撃退

紫外線をおもな原因とする「老人性色素斑」、ニキビやかぶれなどの炎症の後に発生する「炎症後色素沈着」、ホルモンバランスの変化に関係する「肝斑《かんぱん》」、遺伝的な原因による「そばかす」。シミにもさまざまな種類がありますが、どんなシミも紫外線を浴びると悪化してしまうので、日ごろの紫外線対策が大切です。

内臓疾患が原因でシミができている場合、その治療も行わなければ改善しませんが、馬油を使って根気よくマッサージを続けることで血行が促進され、新陳代謝が活発になり、肌のターンオーバーの周期が正常に修正され、シミが徐々に薄くなっていきます。シミと同様に、くすみや目の下のクマにも有効です。方法は、次ページの美顔マッサージと同じです。

また、馬油を塗って軽くマッサージして数分置き、その後洗顔することで、皮脂汚れを落として保湿する馬油洗顔や、洗顔後に化粧水や美容液の浸透を高めるブースター（導入液）として馬油を使うことも、日常的に行うシミやくすみ対策にいいとされています。

シミのある場所には馬油をよくすり込む

シワ

馬油＋美顔マッサージはシワ、シミ、たるみなどに効果的

紫外線によるダメージ、加齢による乾燥、肌の弾力の低下などによってできるシワ。年齢とともにできるシワを完全に防ぐことはできませんが、馬油を使ったマッサージで血行がよくなり、乾燥を防いで潤いとハリを与えることができます。

マッサージが終わったら、馬油を落とす必要はありません。塗ってそのまま寝ると、夜の間に馬油の成分が肌に浸透し、美肌づくりに役立ちます。強くさするのはＮＧ。皮膚の表面に軽く圧迫を感じるような強さで行いましょう。

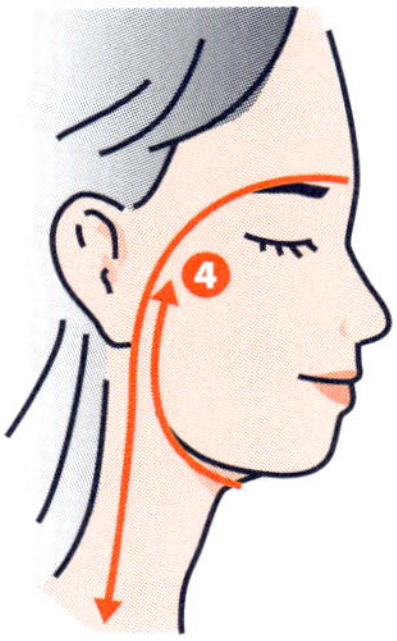

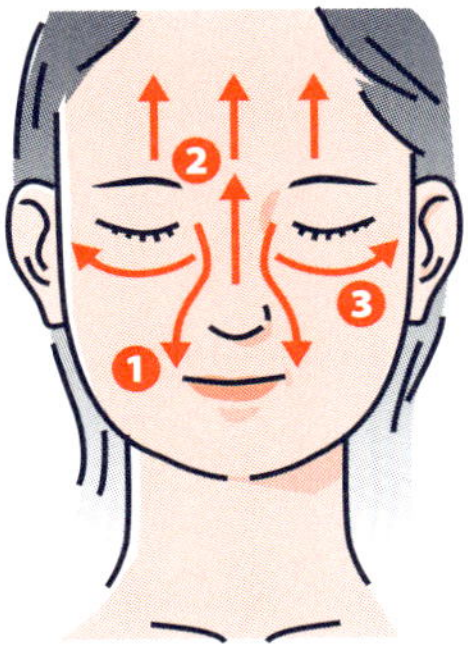

❶ 指の腹を使い、目頭から口の両脇へ
❷ 鼻すじに沿って下から上へ、次におでこの下から上へ
❸ 目頭からこめかみに向かって
❹ 眉頭から耳の手前を通り、鎖骨までリンパを流した後、顎から耳の横までリフトアップ

各7〜8回さする

気になる部分は多めに、顔全体は薄くのばす

首のシワ たるみ

気づかないうちにできている首のシワやたるみをケアして若返り

首は皮膚が非常に薄く、動きの激しい部分のため、シワやたるみができやすい場所。紫外線によるダメージや乾燥、日常の姿勢などもシワの原因になります。「首元を見れば年齢がわかる」ともいわれるので、入念なケアが必要です。

顔と同様に馬油を首に薄くのばし、両手の人差し指、中指、薬指の腹を使って首すじの皮を伸ばします①。

また、のどぼとけの下には甲状腺があり、ここを刺激すると内分泌機能を高めてアンチエイジングにつながります②。

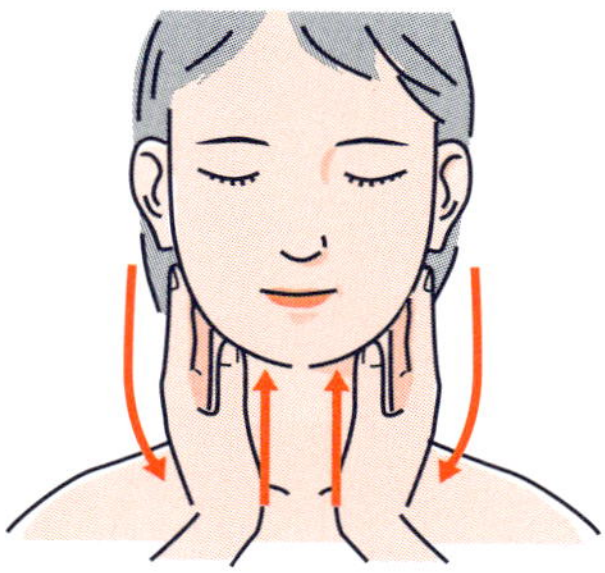

❶ 耳の下から鎖骨へリンパを流した後、首全体を下から上へリフトアップ。
10回程度繰り返す

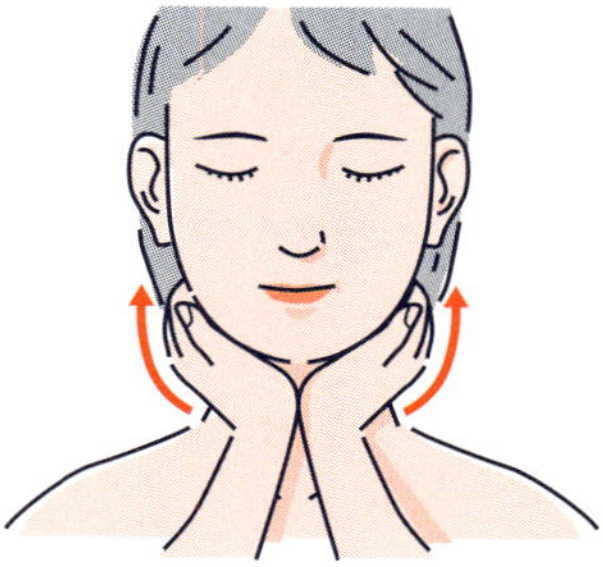

❷ のどぼとけに手を密着させ、フェイスラインに沿って後ろへ。
20～30回繰り返す

たるみが目立ってきた年代の方は入念に

日焼け

うっかり日焼けによる肌の火照りとヒリヒリを鎮める

海やプール、旅行に出かけることの多い夏はうっかり日焼けで肌を傷める人が多く、年を重ねて新陳代謝が悪くなると肌の回復も悪くなります。また、紫外線が強くなり、まだ皮膚の抵抗力の弱い３～４月も、日焼けしやすい時期です。

日焼け後、肌が真っ赤になり、ヒリヒリと痛みがある場合、できるだけ早く馬油を塗ることで熱を取り去り、炎症がおさまって、保湿されます。

ケアの方法は、日焼けした場所をまず冷水でよく冷やし、低刺激の化粧水で肌に水分を与えます。肌がひんやりしてきたら、馬油を塗ります。こすらず、パッティングの要領で皮膚に染み込ませていきます。日焼けした周囲にも少し塗っておくと、炎症も早くおさまります。馬油を塗ることで、日焼け後の皮むけや水膨れにもなりにくくなります。

なお、馬油には紫外線を防ぐ効果もわずかにありますが、日焼けそのものを防ぐことはできません。日焼け前の保湿に使用する場合は、馬油を先に塗ってから日焼け止めクリームを塗ってください。

皮膚を刺激しないよう、パッティングで

ニキビ

殺菌作用、抗炎症作用で思春期ニキビにも大人ニキビにも効く

ニキビは、皮脂が古くなった角質と混ざり合い、毛穴をふさいでしまうことから始まります。アクネ菌が増殖すると炎症を伴う赤ニキビになります。この段階で馬油を塗ると、化膿を抑えることができます。馬油が皮膚に浸透し、殺菌作用、抗炎症作用が働くからです。

馬油は、肌の乾燥によってバリア機能が低下してできるニキビにはぴったりです。脂性肌の人の場合は、よく洗顔をして肌が清潔な状態で馬油を塗ることが大切です。ニキビを悪化させないよう、まず一部分に塗って、しばらく様子を見て、具合がよければ続けます。

顔に使う場合は米粒程度の馬油を全体に薄くのばし、ニキビの部分にごく少量を足して、ニキビをつぶさないように塗ります。夜は少し多めでもいいですが、乾燥肌や普通肌の人も、たくさん塗り過ぎないよう注意しましょう。

つぶしたりひっかいたりして膿《うみ》や血が出てしまった場合は、傷口に馬油を少し塗っておくと、痕も残りにくくなるでしょう。

洗顔後の清潔な状態で少量を塗り込む

肌荒れ

馬油の保湿・保温作用で乾燥による肌荒れを防ぎ、肌を守る

秋冬になると、肌が乾燥してかゆくなる人も多いでしょう。空気自体の乾燥に加え、エアコンや、手洗い・お風呂の回数が多いなどの清潔志向も、乾燥肌の原因になります。肌が乾燥するとバリア機能が低下し、肌荒れしやすくなります。

乾燥肌には馬油での保湿が効果的。入浴後に塗ると、馬油が浸透しやすく肌質を高めることにもつながります。馬油を顔全体に塗り、湯船に入りながら顔を蒸らす馬油パックも効果的です（肌の油分が気になる場合はその後軽く洗顔します）。また、唇に馬油を塗り、ラップでパックすると、唇の荒れも改善されます。

男性の場合は、入浴後、締めたベルトの部分やすねなど、乾燥する部分やかゆくなる部分に塗ってケアしましょう。

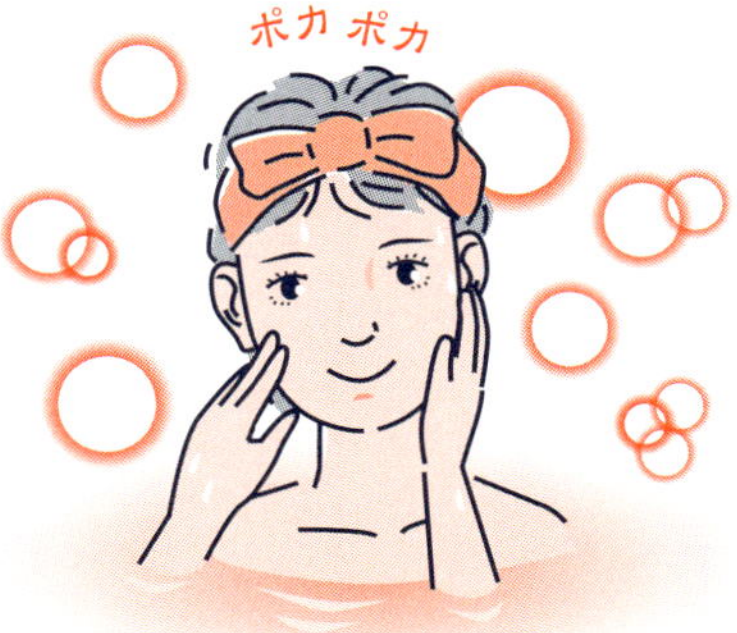

乾燥でかゆくなるところによくすり込む

抜け毛 白髪

入浴前の定期的な頭皮マッサージで健康な髪を取り戻す

馬油を頭皮に塗り、マッサージで刺激を与えると、血液の循環がよくなるとともに、馬油の栄養分が行きわたって髪の発育を促進します。この作用により、抜け毛や白髪が減る、髪の毛の伸びが早くなる、薄くなった頭皮に毛が生えてくるなどの効果が表れてきます。

マッサージの方法は、入浴前にブラッシングし、馬油を指先にのばして髪の毛をかき分けて全体にすり込み、指の腹を使ってもみ込んでいきます。生え際など薄毛や白髪が気になる場所には馬油を追加します。両手を使って額から髪の生え際に沿い、自分の気持ちいい強さで頭全体をマッサージ。指先を地肌の一か所に止めて、地肌を動かすようにするのもいいでしょう。また、静電気の起きないヘアブラシやマッサージブラシを使ってすり込むのも効果的です。

マッサージを5分程度行ったら、ヘアキャップやタオルで蒸らしながら湯船に浸かり、その後普通に洗髪します。洗い流しても頭皮には馬油の成分が浸透して残るので大丈夫です。

まんべんなく頭皮にすり込み、刺激を与える

抜け毛
白髪

マッサージで自然にツボも刺激 馬油シャンプーを毎日使うのも◎

頭皮マッサージを行うと、頭部にあるツボも刺激されます。頭部・頭皮の血行不良を改善するツボには、首と頭蓋骨の間の左右にある「健脳《けんのう》」、頭頂部から指2本分後ろにある「後頂《ごちょう》」などがあり、白髪や薄毛に効くとされています。ツボを直接刺激してもいいですが、頭全体のマッサージで自然にツボも刺激されます。

洗髪の前後にマッサージをするのもいいですが、馬油が配合されたシャンプーを使い、ゆっくり頭皮をマッサージしながら洗うのもいいでしょう。シャンプーとマッサージが一度にできて便利です。馬油の成分が浸透しやすくなるようしっかり予洗いし、しっかりすすぐことでべたつきを防ぎます。

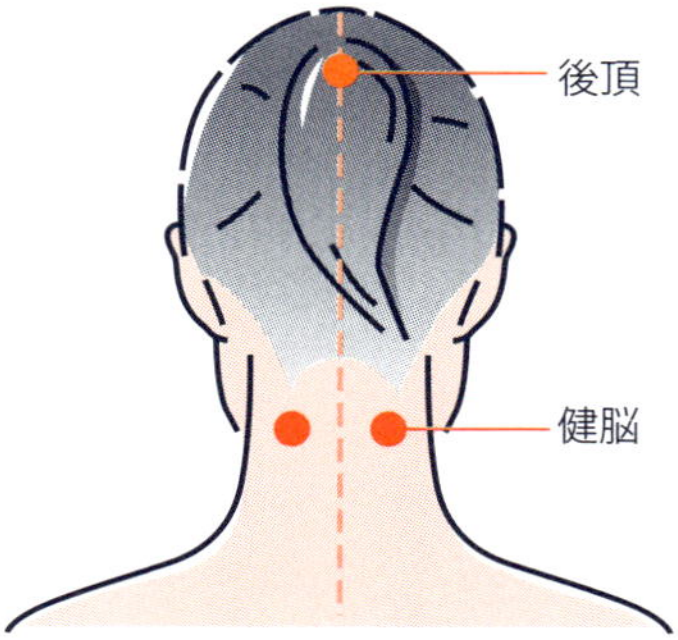

馬油シャンプーは敏感肌の人にもおすすめ

フケ かゆみ

頭皮の血行を促進し、頭皮環境を整えて フケやかゆみを抑える

多くの人が抱える頭皮トラブルに、フケやかゆみがあります。フケは古くなった頭皮の角質が剥がれたもので、地肌のターンオーバーのリズムが崩れると角質が大量に剥がれ落ちるフケ症になります。脂性フケの場合は過剰な皮脂を取り除くケア、乾性フケの場合は潤いを与えるケアが必要になりますが、どちらのタイプにも馬油は有効です。

馬油を使った頭皮マッサージは、毛穴に詰まった皮脂を浮かせて落とし、血行促進・保湿作用で潤いを与えます。さらに殺菌作用によりフケの原因菌の繁殖を防ぎ、かゆみを抑えます。

べたつきが気になる人は、40ページで紹介したシャンプー前のマッサージがいいでしょう。入浴後（洗髪後）の清潔な頭皮に馬油をすり込むようにマッサージするのもいい方法です。髪の毛がべたっとしない程度に少しずつ様子を見ながらすり込みましょう。

新陳代謝が活発になり、頭皮のターンオーバーが正常に戻ると、フケやかゆみも改善されていきます。

頭皮によく浸透するようゆっくりすり込む

ダメージ髪

髪の毛に直接塗って ダメージヘアがつやつやに

パーマやカラー、紫外線による日焼けなどによって、頭皮と髪の毛はダメージを受けます。つややかな髪を取り戻すには、馬油を使ったケアが有効です。

地肌には頭皮マッサージ、髪の毛には毛先パックがいいでしょう。馬油は髪の内部まで浸透するので、髪の毛に直接塗ることで保湿され、傷んだ髪、乾燥による枝毛・切れ毛なども改善されます。

毛先パックの方法は、シャンプー後にタオルドライし、手のひらに薄くのばした馬油を毛先の傷んだ部分にもみ込んでいき、その後ドライヤーで乾かします。洗い流さないトリートメントと同じ要領です。多くつけるとべたっとするので注意しましょう。

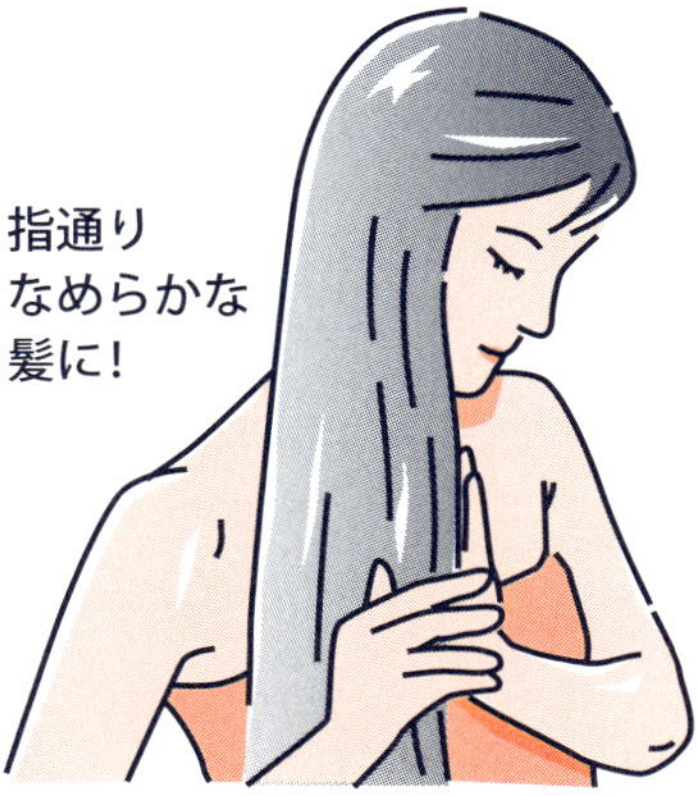

髪のパサつきや静電気防止にもいい

皮膚炎
湿疹

殺菌作用、抗炎症作用、保湿作用などで皮膚のかゆみや荒れを抑える

皮膚に炎症が起きる病気にはさまざまな種類があり、中でも多いのはかゆみを伴う湿疹です。同じ湿疹（皮膚炎）でも人によって症状が違うので、病院でも患者さん一人ひとりに合う薬を探しながら長期間にわたって治療することが多い病気です。

湿疹に馬油を塗ると、抗酸化作用と殺菌作用、炎症を鎮める作用、皮膚の内部と外部両方を保湿する作用などが働き、かゆみや化膿を抑え、症状の改善に有効とされています。

馬油は口のまわりに塗ってお子さんがなめてしまっても大丈夫ですし、副作用もほとんどないので、試してみる価値はあります。しかし、人によって合う合わないがあるので、皮膚の一部分でパッチテストを行い、かゆみや赤みが増すようであれば使用を中止しましょう。

皮膚炎には、アトピー性皮膚炎、接触皮膚炎（かぶれ）、手湿疹などがありますが、いずれの場合も肌が清潔になり皮膚が温まった入浴後が効果的。患部に薄くのばし、塗った後にかかないよう、ガーゼや包帯で保護するといいでしょう。

湿疹を刺激しないようにそっとのばす

おむつかぶれ
あせも

赤ちゃんの敏感肌にやさしく塗って皮膚トラブルから守る

接触皮膚炎の代表的なものに、おむつかぶれがあります。尿や便に含まれる成分の刺激に長時間接触することや、汗やムレ、お尻を拭くときの摩擦などが原因となり、かぶれが起きます。

赤くなり、ポツポツと湿疹ができるなどの症状が出た場合、ぬるま湯を含ませたガーゼやお尻拭きシートでおむつが当たる部分をやさしく拭き、清潔にしてから、馬油を薄くのばします。吸収力や通気性がよく柔らかいおむつを選ぶことも、予防・改善につながります。

また、汗をかきやすい赤ちゃんに多いあせもにも同様に馬油を塗ると、かゆみや赤みを抑えることができます。手のひらに馬油をのばし、やさしくなでるように塗りましょう。

1日2～3回、清潔にした後、患部に塗る

やけど

一秒でも早く冷やして馬油を塗ることでやけどの痛みがおさまり回復も早くなる

熱湯や油、鍋やアイロンなど、身近なものでやけどしてしまったとき、馬油を塗ることで炎症がおさまり、熱や痛みがとれます。塗るまでの時間が早ければ早いほど、効果が表れます。

やけどを負ったらまず、すぐに流水で短時間冷やします。痛みが引いてきたらすぐに馬油を塗ります。軽いやけどなら、皮膚に薄く塗ってそのままにしておくと数分で痛みがとれます。もう少しひどい場合は、流水で冷やした後、多めに馬油をのばし、ガーゼを当てて包帯を巻いたり、べたべたしても大丈夫な肌着を着るなどします。やけど面に貼りついたガーゼはとらずに、その上から馬油を塗り重ねるようにして、貼りつきが解けてから新しいガーゼに取り替えます。

馬油を塗った後、皮膚の表面をこすらないこと、水膨れをつぶさないことが大切。つぶれてしまった場合は馬油を塗ってガーゼを当て、化膿を防ぎます。

軽度のやけどであれば痕も残らずきれいになりますが、重度の場合や広範囲の場合は病院での治療が必要です。

やけどの初期の手当てに常備しておくといい

切り傷

切り傷、擦り傷、ちょっとした傷には軟膏代わりに馬油を塗る

馬油は、ちょっとした切り傷にも効果のある民間薬として古くから使われてきました。切り傷に馬油を塗ることで、傷から入る細菌に対する殺菌作用、炎症を抑える作用があるからです。

包丁で指を切ってしまったときやカミソリで肌を切ってしまったときなどは、傷口を水で洗い、馬油を塗って絆創膏を貼っておくと早くよくなります。出血している場合は、馬油を塗ってガーゼなどで押さえ、出血が止まったら馬油を塗り足して絆創膏を貼ります。

切り傷以外にも、転んでできたかすり傷や、カミソリ負け（ムダ毛処理後の炎症）の防止策として馬油を塗るのも効果があります。

馬油を傷口に塗って
絆創膏を貼る

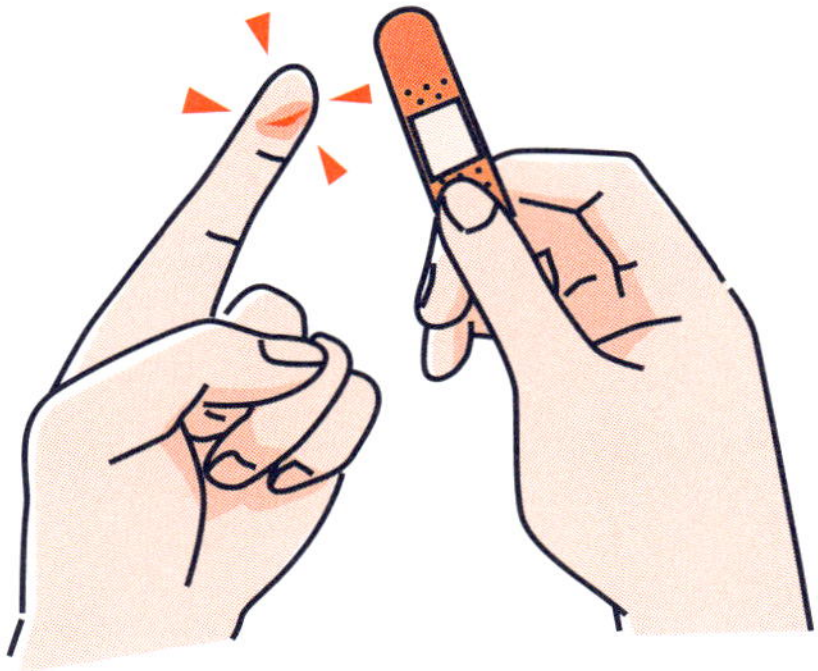

ひげそり・ムダ毛処理後の肌の保護にも役立つ

Part③ 皮膚を守る

ひび あかぎれ

乾燥する手足に塗って予防 ぱっくり割れた皮膚に塗って改善

ひびやあかぎれのおもな原因は、冬の寒さと乾燥です。寒くなると血行が悪くなって手足が冷え、皮脂の分泌が減ってきます。さらに、空気の乾燥、洗剤やお湯を使って水仕事をすることで潤いが奪われ、皮膚が乾燥してぱっくりと割れてしまいます。

こうなった場合、皮膚の割れた部分に馬油を塗り、絆創膏やガーゼで傷口にふたをします。水仕事をするときはゴム手袋をする、絆創膏やガーゼが濡れたら馬油を塗って交換するなど、傷口が水に触れないように気をつけます。かかとの場合は、馬油を塗ったあと保温効果のある靴下をはくといいでしょう。

また、ひびやあかぎれの予防にも馬油を使いましょう。水仕事の前に馬油を塗ると膜をつくって肌を保護しますし、水仕事の後に塗ると肌を保湿して手荒れなどもケアできます。入浴後、馬油を塗ったときにマッサージをして血流をよくすることや、手袋や靴下で保温すること、肌にやさしい洗剤を使ってぬるま湯で洗うことなども大切です。

ハンドクリーム代わりにこまめに塗って予防

しもやけ

患部をマッサージしながら塗り込むと血行がよくなって効果が早く出る

しもやけは、手足や耳など抹消の血行障害によって起こります。特に一日の気温差が10度以上になると起こりやすく、寒暖の刺激を繰り返すことで発症しやすくなります。手足が汗などで濡れたまま放置すると体温が急に下がって、しもやけになる場合もあります。

しもやけの症状を改善するには、血行をよくすることが一番。漢方もよく用いられますが、馬油を使ったマッサージも効果的です。患部に馬油をこするようにしてほどよい力ですり込むと、マッサージ効果が加わって血行が促進されます。

外出する際には、手袋や靴下、耳当てで冷やさないようにし、暖かい場所で汗をかいたら拭き取ることが大切です。

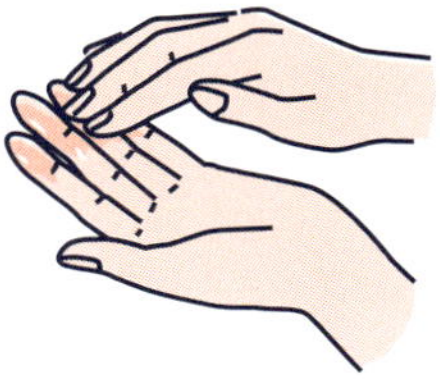

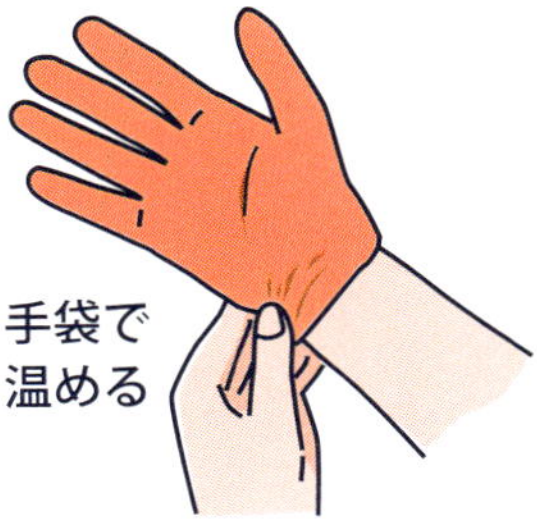

寝る前など1日2～3回塗ってマッサージ

水虫

足をよく洗い乾燥させて馬油を塗る
これを根気よく続けること

水虫は、白癬菌《はくせんきん》というカビの一種による感染症です。馬油は皮膚の奥深くまで浸透し、細菌類を吸収して繁殖を抑え込む作用がありますが、白癬菌はもっと深く入り込んでいることもあり、効果が出ない場合もあります。しかし、根気よく馬油を塗り続けることで改善される場合もあります。

一番効果的なのは入浴後です。患部をきれいに洗い、湯船に浸かって柔らかくなった皮膚に、馬油をたっぷり塗り込みます。そして布団に馬油がつかないよう、靴下をはいて寝ます。じゅくじゅくした水虫や皮膚が切れて痛いときにも、刺激の少ない馬油はいいでしょう。この場合は、塗った後にガーゼを当てるようにします。

白癬菌は高温多湿を好むので、靴や靴下で長時間蒸れるのはよくありません。帰宅して靴を脱いだ後、足をよく洗って馬油を塗るのも効果的です。また、夏よりも白癬菌が繁殖しにくい冬の時期にも馬油を塗り込んでおくと予防効果があり、再発防止につながるでしょう。

症状が悪化する夏場だけでなく冬にも塗る

傷んだ爪

乾燥する冬は念入りにマッサージ トラブルを予防してきれいな爪に

爪は皮膚が角質化したものであり、皮膚の一部。肌と同様に、爪も乾燥によって割れやすくなります。また、除光液の使用、パソコンのキーボードをたたくなどの外的衝撃や、栄養不足、血行不良などでも割れやすくなります。

爪トラブルのケアには、たんぱく質やビタミンなどを含むバランスのいい食事をすることと、爪の保湿・マッサージが有効です。

馬油を爪の根元や側面の生え際に塗り、親指の腹で根元部分を押すようにも み、側面の生え際は挟むようにしてもみます。

10秒ほど押し続けても、ギュッギュッとリズムをつけてもOKです。

馬油とマッサージによる血行促進・保湿作用で、爪が潤い、保護され、割れにくくなります。

爪のマッサージ

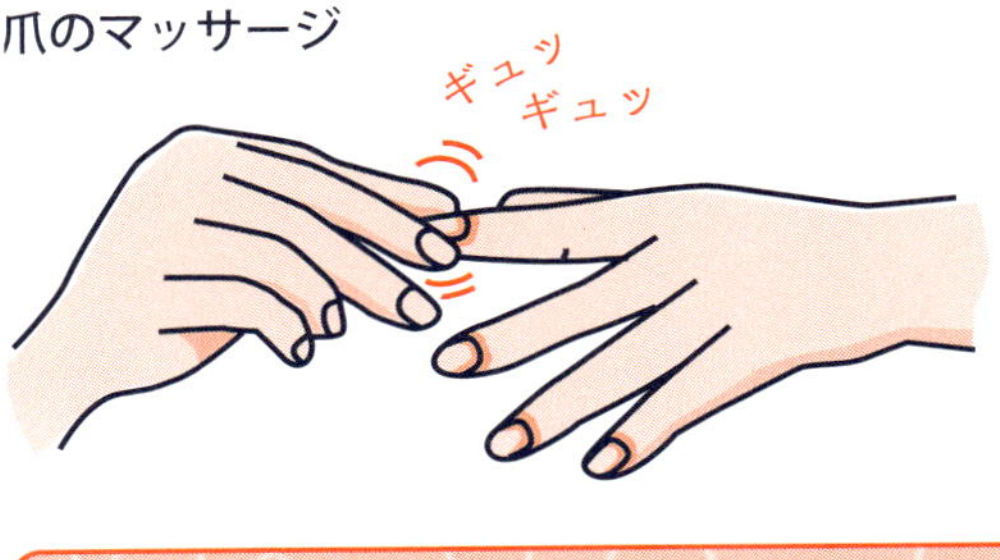

手に塗るときに爪にも塗って一度にケア

Part③ 皮膚を守る

妊娠 出産 授乳中の 肌荒れ

肌荒れ、妊娠線、授乳中の乳頭亀裂にも◎ デリケートな肌を保護する

産前・産後は、ホルモンバランスの変化、つわりによる食生活の変化、水分不足による乾燥、睡眠不足や体調不良によるストレスなどの影響で、肌トラブルが起きやすくなります。肌の乾燥は、妊娠線ができやすくなる原因にもなります。

この時期の肌のケアには馬油がぴったりです。ニキビや吹き出物、くすみ、シミ、肌荒れなどには、入浴後・洗顔後、気になるところに馬油をのばします。

妊娠線には、お腹が目立ってくる5か月ぐらいからお腹全体に馬油をのばし、全体をやさしくマッサージするように塗り込みます。妊娠線は、皮膚の奥の真皮や皮下組織に亀裂が入ることで起きるので、皮膚の奥深くまで浸透して保湿し、皮膚の内部に亀裂を入りづらくする馬油が予防に役立つのです。

また、産後の授乳時に起きる乳頭亀裂にも馬油はぴったりです。授乳が終わる度に乳首に馬油を塗り、ラップをかぶせてしばらく放置すると、傷の状態もよくなります。馬油は口に入っても基本的に大丈夫なので、拭き取りも不要です。

大きくなるお腹のケアは早めにスタートを

床ずれ

床ずれになりそうな場所の予防と初期段階の悪化防止に効果的

床ずれ（褥瘡《じょくそう》）は、マットや布団、車椅子などと接触する部分が長時間持続的に圧迫され、血流が悪くなり、皮膚や皮下組織、筋肉などに酸素や栄養が行き渡らなくなって起こる皮膚障害です。

床ずれは進行が早いので、できるだけ早めに馬油を塗ると効果も高まります。予防に使う場合は、床ずれしそうなところの皮膚に直接塗り込みます。患部が赤くなった場合は、馬油を多めに塗ります。周囲にも薄く塗り、やさしくマッサージすると、血行がよくなり効果的です。

皮膚に直接塗るのが痛い場合は、ガーゼにたっぷり馬油を染み込ませて患部に貼り、テープや包帯などで留めます。一日に１～２回様子を見て、馬油が不足していたらガーゼの上から塗り足します。

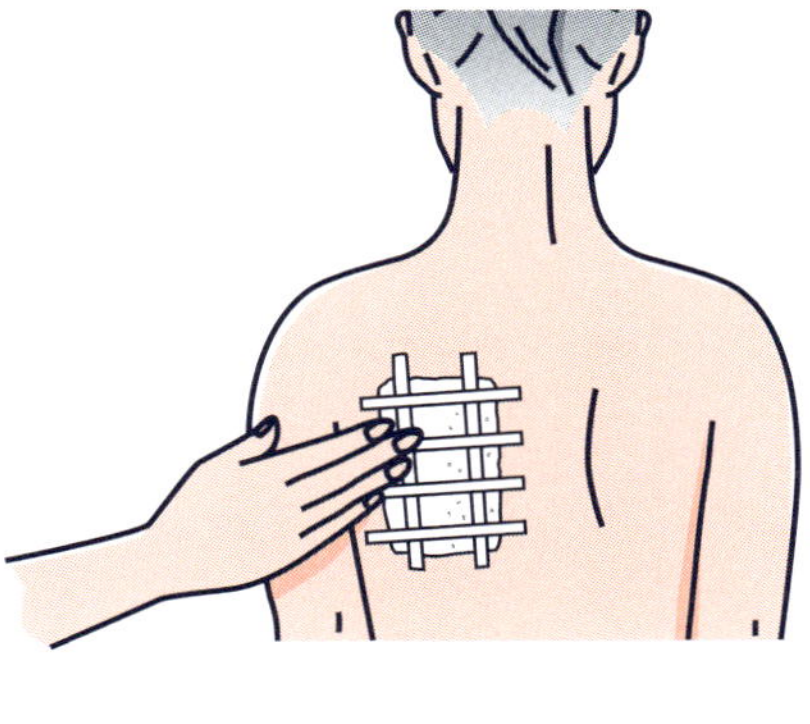

症状によって馬油の量と塗り方を変える

肩こり

日常生活が原因で起こる肩こりには お風呂上がりのマッサージでケアを

パソコンやスマホで長時間同じ姿勢を続けることや、目の疲れ、運動不足、ストレスなどが原因で起こることが多い肩こり。これによって起こる筋肉疲労や血行不良の改善には、新陳代謝を促し、血行促進作用のある馬油が効果を発揮します。

マッサージは服を着たまま行うことも多いですが、馬油を塗って直接肌を刺激することでより筋肉がほぐれ、血行促進効果も高まります。

痛いところに馬油をすり込みながらさするだけでもいいですし、肩こりの代表的なツボである「肩井《けんせい》」や「巨骨《ここつ》」に塗って押すのもいいでしょう。お風呂上がりはもちろん、べたつきが気になる方は入浴の途中でマッサージし、洗い流して、また湯船で温まるのもいいでしょう。

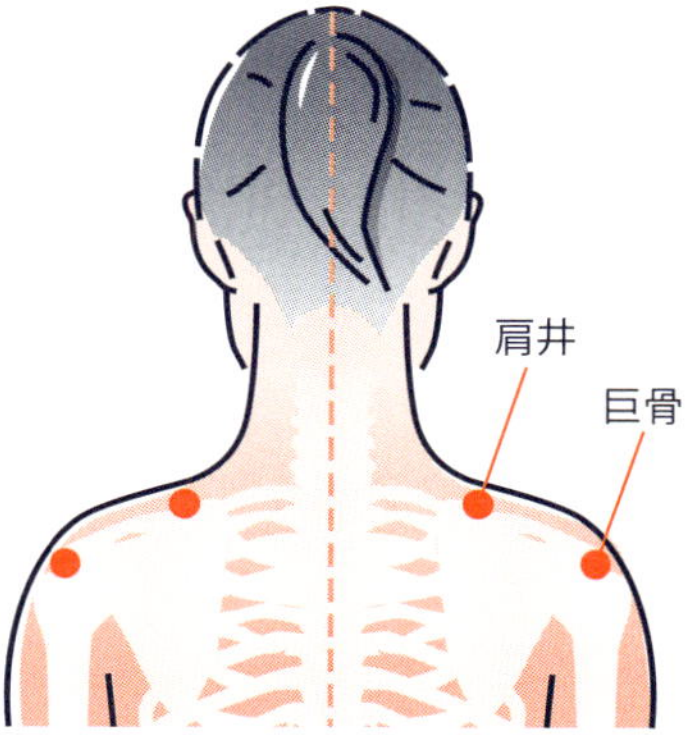

手と肩を温めてから塗ると馬油がよく浸透する

四十肩 五十肩

急な痛み、長引く痛みを緩和して日常生活を無理なく過ごせるように

四十肩・五十肩（肩関節周囲炎）とは、加齢により肩の関節や筋肉などの弾力がなくなって炎症を起こした状態のことで、急な痛みや腕が上がらないなどの症状が表れます。数か月～1年程度で治ることが多いですが、発症したら早めにケアすることで、症状が緩和されます。

肩こりと同様に手と肩を温めて、痛いところに馬油をすり込みながらさする、四十肩・五十肩のツボである「肩髃《けんぐう》」を押すなどします。背中の肩甲骨の部分や「天宗《てんそう》」というツボは、他の人にやってもらうといいでしょう。指圧は強くやり過ぎて、もみ返しがくることもありますが、オイルを塗ると刺激が和らぎます。馬油は薄くのばしますが、少な過ぎると皮膚が赤くなるので調整しましょう。

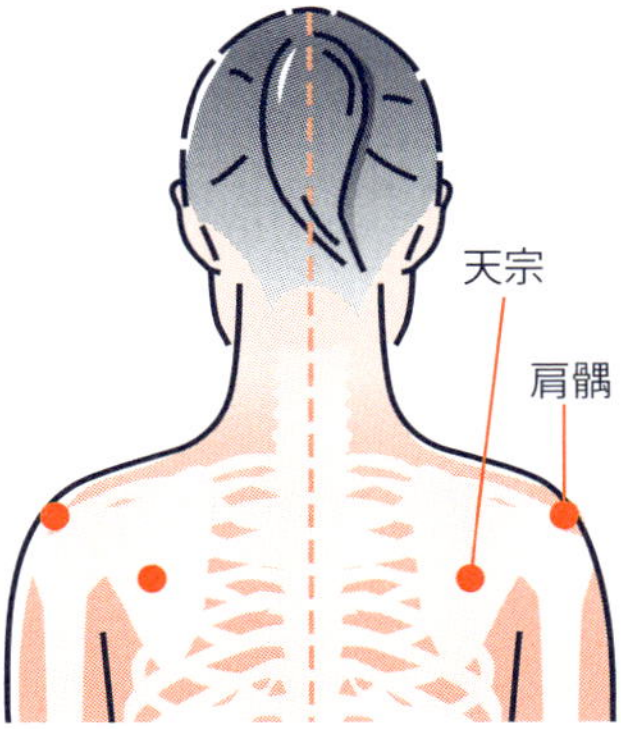

日中は蒸しタオルで温めてから塗るといい

腰痛

原因が特定できない腰痛にも根気よく塗り続けると痛みが和らぐ

腰痛の原因には、骨や筋肉、椎間板などの障害によるもの、内臓や血管の病気などさまざまで、ストレスや生活習慣などによる腰痛は原因がなかなか特定できません。ですが、腰に痛みを感じたらいち早く馬油を塗ることで、痛みの緩和につながります。

手と腰を温め、馬油を痛い部分にすり込みながらさする方法に加え、腰の場合は特にツボに塗るのも効果的です。代表的なツボは、太ももの横にある「風市《ふうし》」、腰骨の横左右にある「大腸兪《だいちょうゆ》」、膝の裏にある「委中《いちゅう》」。ツボに馬油を塗ってグリグリと2～3分マッサージし、ツボの痛みが和らいだら効いてきた証拠です。寝る前に塗ると、就寝中に体の機能が回復するのでより効果的です。

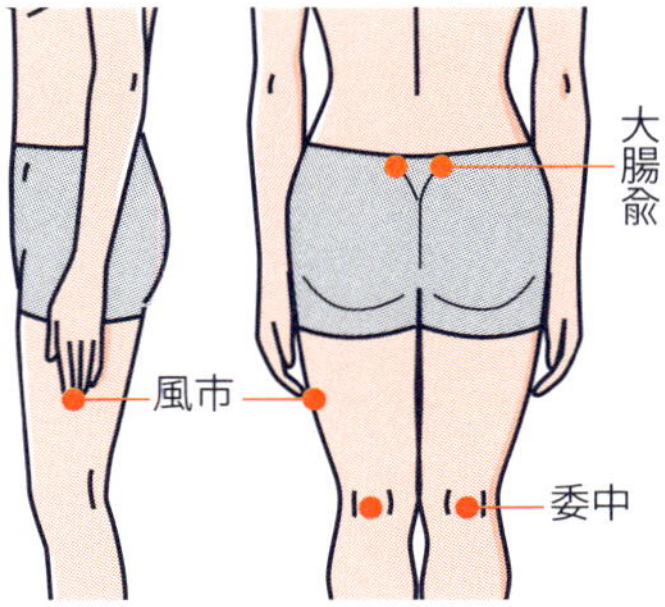

気をつけして立った時、中指が太ももの側面に当たる部分

痛い部分だけでなくツボにも塗る

膝痛

加齢とともに増える膝の痛みは筋力強化と馬油マッサージで悪化を防ぐ

中高年の女性に特に多い悩みが膝の痛み。膝の関節の軟骨が加齢とともにもろくなり、すり減って痛みが出てくる「変形性膝関節症」は、膝痛の中で一番多い病気です。症状が進行すると、激しい痛みで歩けなくなり、関節の変形につながるので、早めの治療が必要です。

治療と並行して家で行うといいのは、筋力強化の運動と馬油のマッサージです。膝のまわりには「血海《けっかい》」「梁丘《りょうきゅう》」「内《ない》膝眼《しつがん》」「外膝眼《がいしつがん》」など膝の痛みに効くツボが集まっているので、膝を温めて馬油を塗り、両手で膝を包み込むようにまわしながらすり込みます。

ツボが刺激されるとともに、より血行が促進され、効果が高まります。

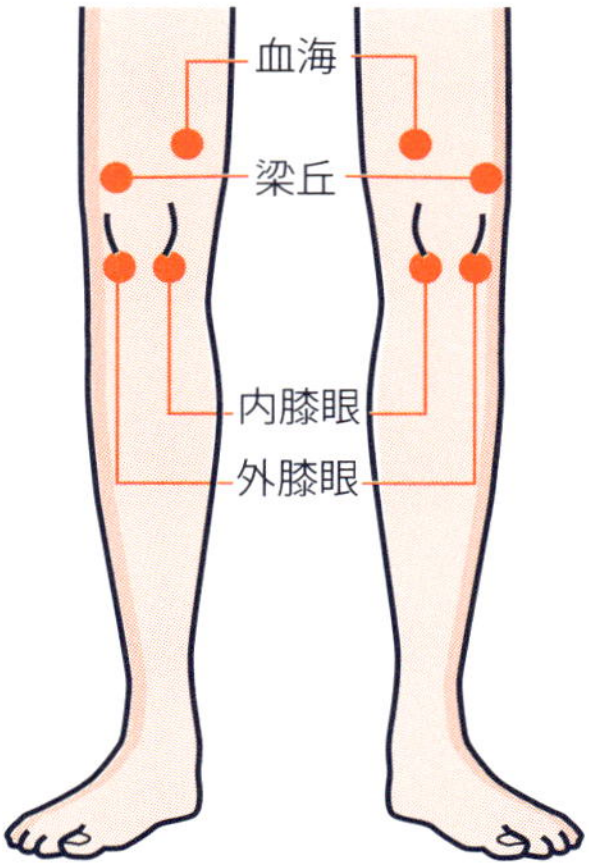

病院での治療と並行して行うと効果がアップ

神経痛

病名にこだわらず、痛みのある部分に共通して使えるのが馬油の特徴

神経痛は、末梢神経が圧迫されたり炎症によって刺激された部分の神経に沿って起こり、電気が走るような激しい痛みが発作的に起こります。おもな神経痛には、顔面が痛くなる三叉《さんさ》神経痛、背中から肋骨に沿って痛くなる肋間《ろっかん》神経痛、お尻から脚の後ろ側にかけて痛くなる坐骨神経痛などがあります。

いずれの場合も、血行をよくして新陳代謝を活発にし、硬くなった筋肉の緊張を緩める馬油の作用によって、痛みが緩和されます。

肋間神経痛は、肋骨と肋骨の間の筋肉を指で押して痛みのポイントを探してそこを中心に馬油を薄くのばし、肋骨に平行に、中心から外に向かって指ですり込みます。坐骨神経痛も同様に、痛いポイントを中心に馬油をゆっくりすり込みます。三叉神経痛は、痛いところと合わせて、首の後ろの髪の生え際あたりのくぼみ部分にある「風池《ふうち》」というツボにもすり込んでおきましょう。

入浴後や寝る前、痛みがおさまっているときに塗っておくことが大切です。

時間をかけてやさしくゆっくりマッサージ

リウマチ関節痛

日常生活のケアのひとつに取り入れて関節の痛みやこわばり、腫れを緩和

関節リウマチは、免疫の異常によって関節に炎症が起こり、骨や軟骨が破壊されて関節の機能が失われ、放っておくと関節が変形してしまう病気です。

病院でも血行をよくする治療をすることがありますが、馬油を使ったマッサージも同じで、血行促進作用、患部の熱を取り炎症を鎮める作用によって関節の痛みやこわばり、腫れを緩和します。

基本的に、患部が腫れて熱を持っている場合は冷やしてから、逆に熱を持たない場合は温めてから馬油を塗ります。関節が固まるのを防ぐため、痛みに応じて強さを加減しながらさすったりもんだりしてほぐします。終わったら、関節や指の曲げ伸ばしを行います。

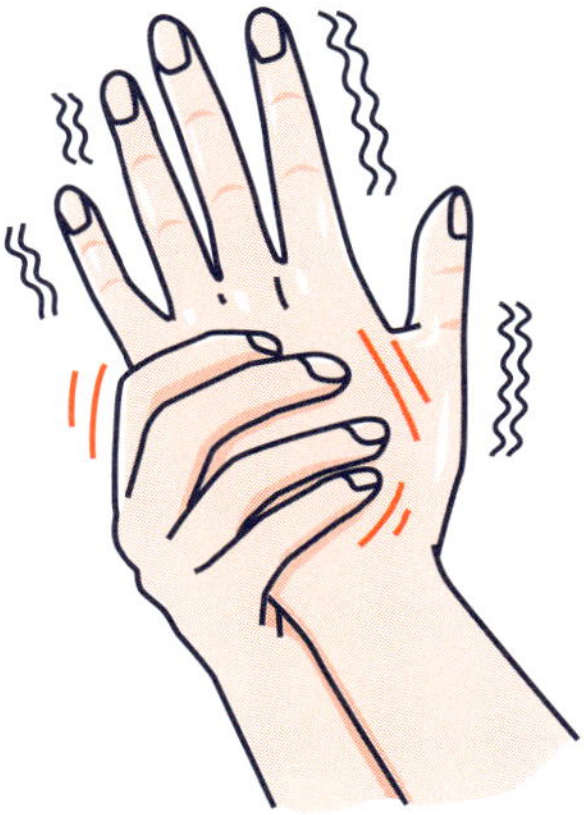

加減しながらさする・もむ、関節を動かす

打撲 捻挫 むち打ち

スポーツ選手も使っていた馬肉湿布効果と同様の馬油効果

中国の薬物学書『本草綱目』には、「馬肉は、熱を取り去り腰や背を丈夫にする薬効がある」と書かれており、馬肉は古くから打撲によいとされてきました。

プロスポーツ選手が打撲や捻挫をした際、馬肉を湿布として使っていたという話も聞きます。熱を取り去り炎症を抑える作用は馬油も同じです。

打撲や捻挫をした際は、まず患部を冷やします。ある程度腫れがひいてきたら、馬油を塗ります。就寝時は、ガーゼに馬油を染み込ませて患部に貼り、テープで留めておくと効果的です。

打撲で内出血して青あざになりそうなときも、すぐに馬油をすり込み、その後1日数回すり込むと痛みが早くとれて青あざができにくくなります。

また、交通事故などによって起きるむち打ち症（頸椎捻挫）も捻挫と同じように塗りますが、むち打ちの場合は首だけでなく、痛みやしびれのある手や腰などにも馬油をよくすり込みましょう。半年後、1年後の冬に痛みが出てきた場合も、同様に馬油を塗ると痛みが緩和されます。

寝るときは効果が持続するようガーゼで湿布

筋肉痛
こむら返り

激しい運動による筋肉痛や筋肉痙攣が起きたときのケアに

筋肉痛は、運動によって筋繊維が傷つき、炎症を起こしたときに痛みが起きる場合や、脱水により血行が悪くなって痛みが起こる場合があります。

馬油には血行促進作用、抗炎症作用、筋肉を柔らかくする作用があるので、運動する前と終わった直後に馬油を塗ってマッサージすることで筋肉疲労、痛みが軽減されます。

また、運動中や就寝中などに起こる筋肉痙攣、こむら返り（足がつる）の場合は、急激な痛みがおさまった後に馬油を薄くのばしてよくマッサージすると効果的。こむら返りは大半が一過性ですが、度々続く場合は病気が原因のこともあるので、病院に行きましょう。

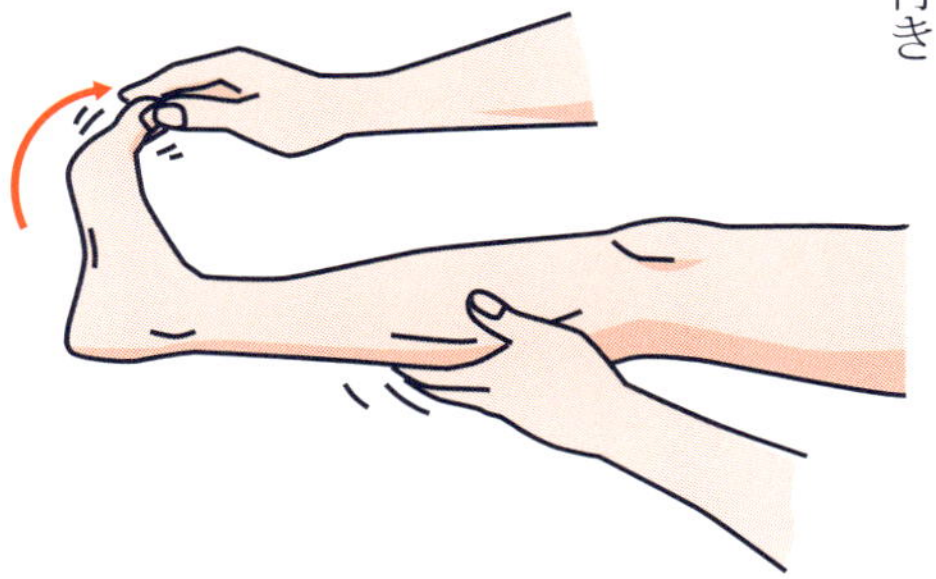

つま先を体側に引っ張り、アキレス腱やふくらはぎの筋肉を伸ばす

足がつったらゆっくり伸ばした後、馬油を塗る

ぜんそく
咳

肋骨まわりのマッサージで深い呼吸ができ咳がおさまってくる

ぜんそくや気管支炎など呼吸器の病気によって咳が出る場合、肋骨まわりのマッサージを行うことで症状が緩和されます。肋骨は内臓を守るためだけでなく、呼吸機能と深く関わっています。

肋骨まわりの筋肉が柔軟になると、呼吸が大きくでき、肺活量が増え、スタミナがついて健康になるのです。

やり方は、肋骨全体に馬油を薄くのばし、体の中心から外に向かって肋骨を一本一本開く感じでマッサージします。背中も同様に中心から外にマッサージしてもらうといいでしょう。

最近は、猫背の姿勢でスマホをやり過ぎて胸が圧迫され、肋骨まわりの筋肉が硬くなっている人が多くいます。そういう人にもこのマッサージは有効です。

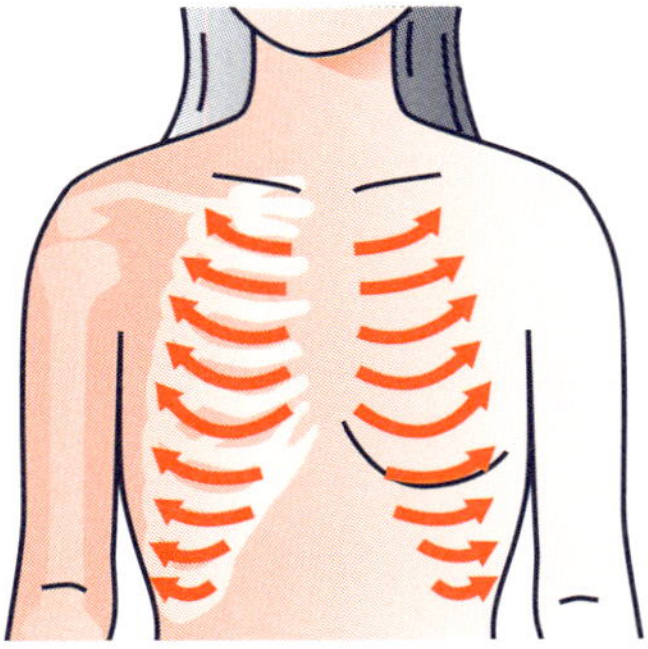

肋骨の間を横に塗り込んでいく

スマホをやり過ぎる人、猫背の人も実践を!

花粉症
鼻炎

鼻の粘膜を保護して花粉の接触を防ぎ花粉症予防と症状緩和ができる

鼻炎には、風邪になったときに発症する急性鼻炎、鼻の粘膜に慢性的な炎症が起こる慢性鼻炎、花粉やほこりなどが原因で起こるアレルギー性鼻炎などさまざまなものがあります。馬油はいずれの場合の鼻水、鼻づまりにも使うことができ、不快な症状を緩和します。

馬油を塗る前に、鼻の中に水を流す鼻うがい（鼻洗浄）をしましょう。鼻に水を流し込めない人は、指や綿棒で水洗いします。その後、脱脂綿や綿棒に馬油を染み込ませて鼻の中に入れます。軽くまわしながら塗ると、馬油が溶けて粘膜に広がります。馬油の作用によって鼻の粘膜の炎症がおさまり、鼻水、鼻づまりが解消されてきます。

アレルギー性鼻炎の場合は、アレルギー物質を鼻の粘膜に接触させないようにすることで症状が出にくくなります。馬油で粘膜を保護し、保湿することで、鼻の中の乾燥を防ぎ、炎症が起こりにくくなるので予防になります。

鼻をかみ過ぎて赤くなった皮膚にも、馬油を塗っておくといいでしょう。

鼻がむずむずしたときや寝る前に

Part 5 炎症を抑える

痔

切れ痔は特に即効性あり いぼ痔の回復も早まる

痔は大きく分けて、痔核（いぼ痔）、裂肛（切れ痔）、痔瘻（あな痔）があります。

最も多いいぼ痔は、排便時に強くいきむことや長時間の座り仕事などによって肛門に負担がかかり、肛門部がうっ血して起こります。切れ痔も同じく肛門に負担がかかることで、肛門の粘膜や皮膚が裂けて痛みや出血を起こします。どちらも血行不良が原因のひとつなので馬油の血行促進作用が有効ですし、殺菌作用、抗炎症作用も痔の回復を早めます。

馬油を塗るタイミングは、入浴後の体が温まったときが効果的。脱脂綿などに馬油を染み込ませて患部に押し当てます。肛門の内側にいぼがある場合は、指サックなどを付けて肛門の中に塗り込みます。出血しているところに塗っても大丈夫です。排便後も、温水でよく洗浄してから馬油を塗るといいでしょう。

痔瘻は、肛門の組織に細菌が入り込み、肛門周辺に膿が溜まる肛門周囲膿瘍が進んで慢性化したものです。痔瘻は症状が重い場合が多く、馬油の効果はあまり望めません。病院での治療が必要です。

体を温め、血行をよくしてから塗る

口内炎
へそのごみ

口の粘膜の炎症・口内炎やへその掃除などデリケートな部分に使える

馬油は口に入れても基本的に大丈夫ですし、粘膜などデリケートな部分にも塗ることができるのが特徴です。

口内炎の原因は、栄養不足、ストレス、虫歯や義歯の不具合、ウイルスなどさまざまですが、いずれも口の粘膜に炎症が起こっている状態なので、馬油を塗ると回復が早まります。食後や就寝前、患部に直接塗り、馬油が落ちないよう飲食は控え、舌で触らないようにしましょう。治りが遅い場合は他の病気の場合もあるので、病院に行きましょう。

へそも皮膚が薄く、デリケートな場所です。へそには、あかや汚れが溜まって細菌が繁殖する場合があるのできれいにしておかなくてはなりませんが、綿棒などで力を入れ過ぎると傷がつき、逆に炎症を起こす場合があります。

皮膚を傷つけずにへそをきれいにするには、入浴後、仰向けになり、馬油をへそに少量つけて５～10分そのままにします。馬油は自然とへその中に染み込んで汚れが浮き上がり、その後綿棒でやさしく拭き取ると汚れがとれます。

へそのお手入れはやさしく、定期的に

耳鳴り
難聴
めまい

首や肩のこり、ストレスなど生活習慣からくる耳の不調のケアに

ストレスや騒音・爆音、加齢、薬の副作用など、耳鳴り・難聴・めまいの原因はさまざまです。突発性難聴など早期の治療が必要な病気や、命に関わる病気もあるので、病院に行くのが第一です。

生活習慣による原因のひとつには、首や肩のこりによって内耳の中の平衡感覚をつかさどる器官が血行不良を起こすことがあります。また、ストレスによって自律神経が乱れて血行不良を起こし、耳の不調を起こす場合もあります。

こういった場合は、馬油を耳の前後に塗り、上下に摩擦するようにすり込みます。このあたりにある耳鳴りや難聴に効くツボも刺激され、血行がよくなり、症状の改善につながります。

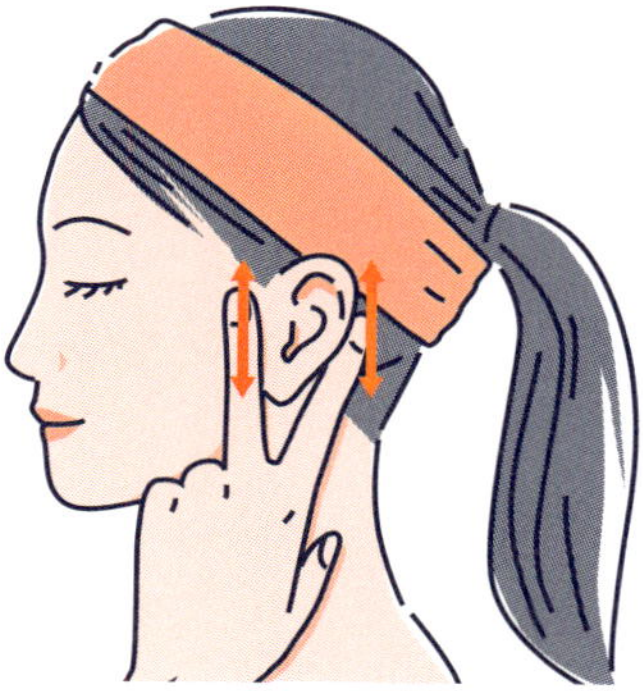

心身をリラックスさせる+耳のマッサージを

不眠症
自律神経失調症

首の後ろと肋骨の下を馬油＋マッサージでほぐしてリラックス

ストレス、うつ、不規則な生活、加齢など、不眠の原因はさまざまです。ストレスなどによる自律神経の乱れによって、不眠になることもあります。

ストレスを抱えている人や、イライラしてすぐキレる人は、首と肋骨下縁（肋骨の一番下）のあたりが硬くなっていることが多いのです。首の後ろ側に馬油をすり込み、押したりもんだりしながらマッサージ。肋骨下縁は、みぞおちから肋骨に沿って脇腹まで、ゆっくり押しながらマッサージしましょう。

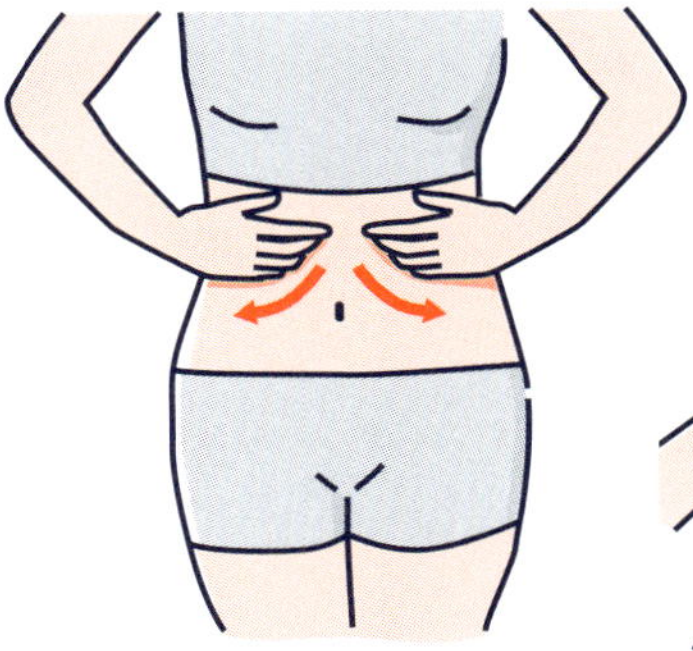

みぞおちから助骨に沿って脇腹まで、ゆっくり中指で押していく

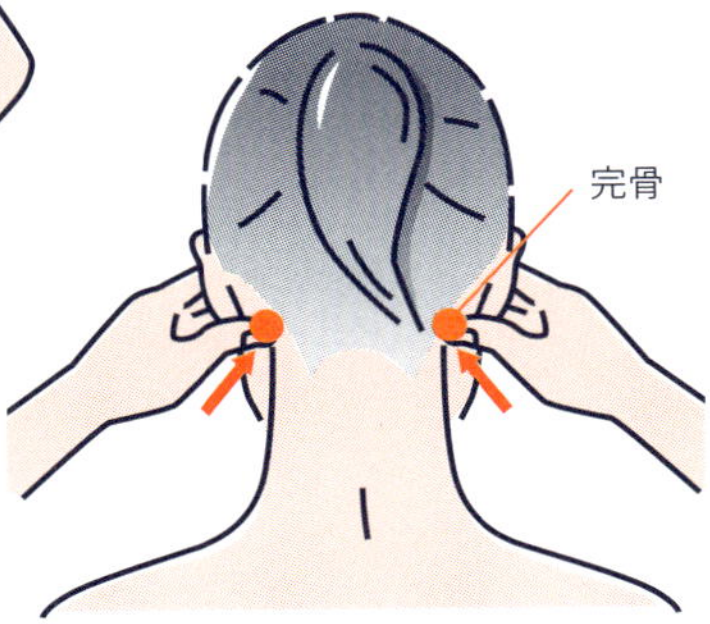

不眠のツボ完骨（かんこつ）を押す

首の後ろ、生え際あたりには快眠のツボがある

冷え性

冷えるところとツボに馬油を塗りマッサージして冷えを撃退

冷え性の予防と改善策として有効なのは、エネルギーを生み出しやすい食事をすることや、運動や入浴で体を温めて血行をよくすること。そこにプラスする馬油のマッサージは、ぬるめのお湯にゆっくり浸かり、体が温まった後が効果的です。冷えのある部分とツボに薄くのばして、よくすり込みます。

足が冷える場合は、足の内側のくるぶしから指3本上にある「三陰交《さんいんこう》」と、足の裏の土踏まずの中央にある「湧泉《ゆうせん》」に。手が冷える場合は、手の甲の親指と人差し指の付け根にある「合谷《ごうこく》」をマッサージします。マッサージ後は放っておくと冷えるので、肌に油分が残っていたら拭き取り、手袋や靴下で保温しましょう。

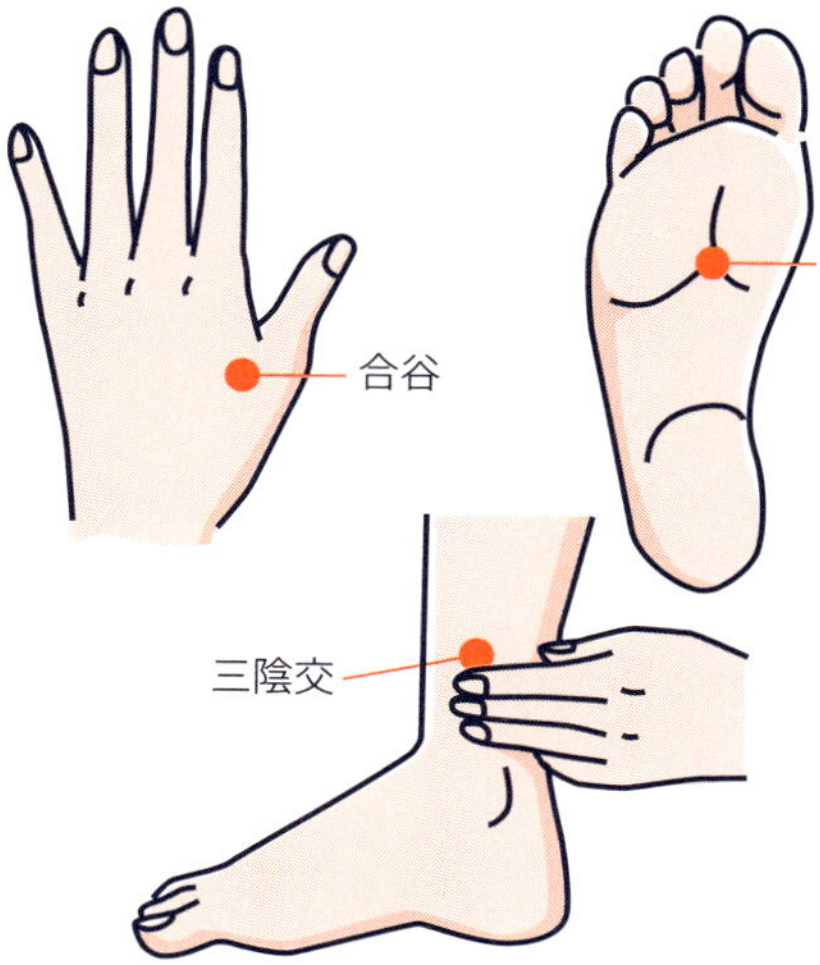

マッサージ後、風に当たると冷えるので注意

便秘　下痢
脂肪燃焼

馬油＋お腹マッサージで胃の調子や腸内環境を整えて健康に！

胃、小腸、大腸の血行をよくするための馬油＋お腹マッサージは、便秘や下痢の解消、脂肪燃焼、免疫力アップなど、さまざまな効果をもたらします。

マッサージの方法は、馬油をお腹全体にのばし、手のひらで時計回りに円を描きながらさすります①。次に、招き猫のような手の形でへそに当て、へその周囲をさすります②。最後に、肋骨の下からももの付け根まで、手のひらでバッテンを描くように押しながらさすります③。

入浴後、温まったときが効果的です。

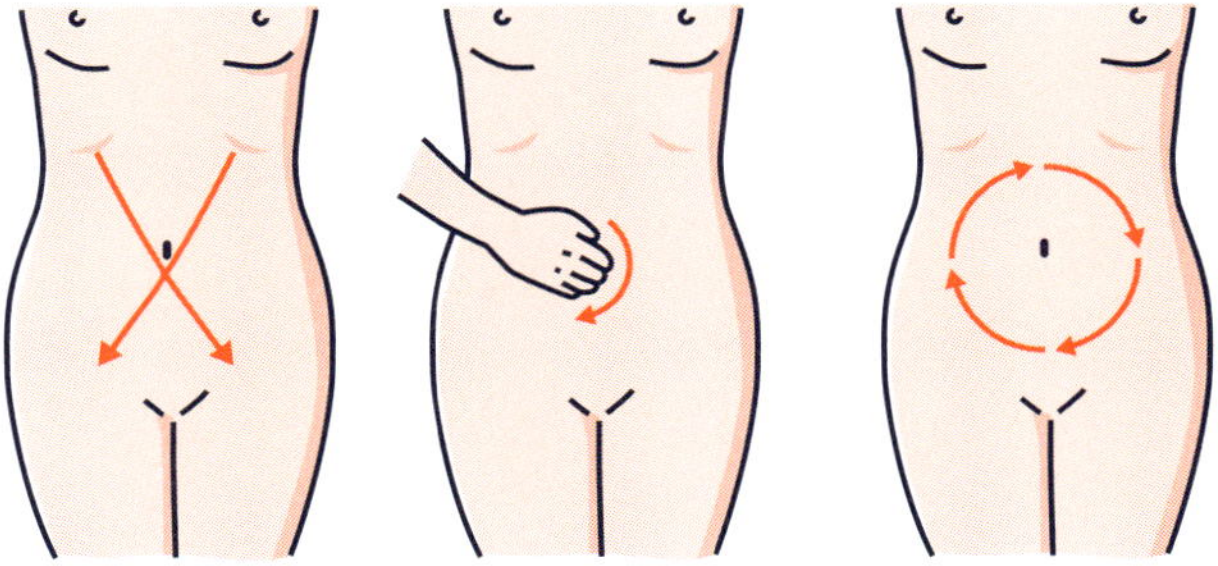

❶ 10回繰り返す
❷ 20〜30回繰り返す
❸ 20〜30回繰り返す

利き手で少し強めにゆっくりとさする

女性特有の病気

冷え性、生理痛で悩んでいる人 女性特有の病気の予防にも

生理痛、生理不順、子宮筋腫、卵巣嚢腫、子宮がんなど、女性特有の病気に共通する原因に血行不良があります。血液の流れがよくないと老廃物が溜まり、さまざまな病気になりやすくなります。冷えも含めてこれらの病気は下腹部の血行不良が原因のひとつなので、下腹部にある骨盤内臓器（腸、子宮、卵巣、膀胱など）を、馬油を使って外側からマッサージすると、血行が促進されて新陳代謝がよくなり老廃物が出て、症状が緩和されます。

マッサージの方法は、まず背中の腰のあたりから下に馬油を塗り、手のひらをお尻の骨部分に当てて上から下へ少し強めに押しながらなでていきます①。

次に、同じ要領でお腹側、ももの付け根（そけい部）に馬油を塗り、ももの付け根に沿って体の外側から内側に向かって手のひらで少し強めになでていきます②。がんこな冷えのある人は、ももの付け根をさわると硬くなっていたり、痛みがあるかもしれません。その場合は、気持ちいいと感じられる強さでマッサージしてください。

根気よく続けると体質改善にもつながる

男性特有の病気

腰や下腹部の血行をよくして前立腺肥大症の予防や症状緩和に

下腹部のマッサージは、男性特有の病気である前立腺肥大症の症状緩和にも有効です。

前立腺肥大症の原因には、デスクワークで椅子に座りっぱなしでいることや運動不足、食生活、下半身の冷えなどがあり、これによって血行不良が起こり症状が悪化します。

馬油を使ったお尻の骨部分とそけい部のマッサージで血行を促進し、腰まわりに血液を送り込むとともに、食生活も注意していくことが大切です。

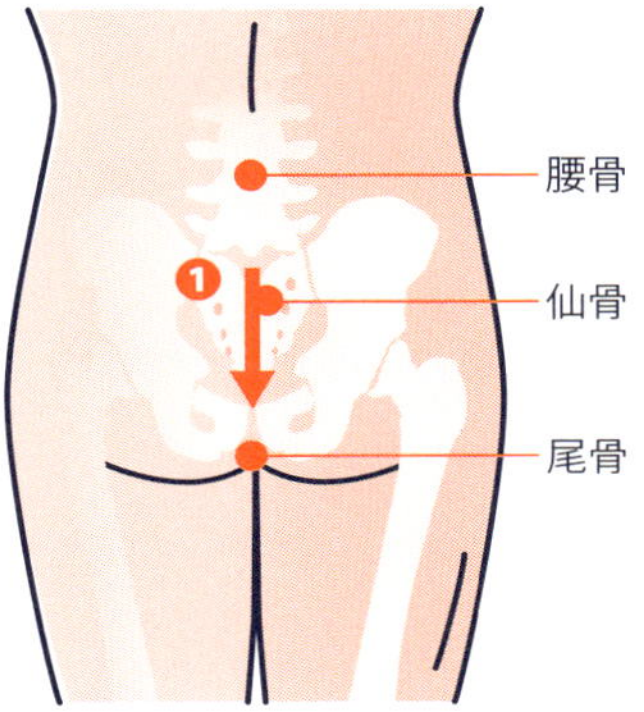

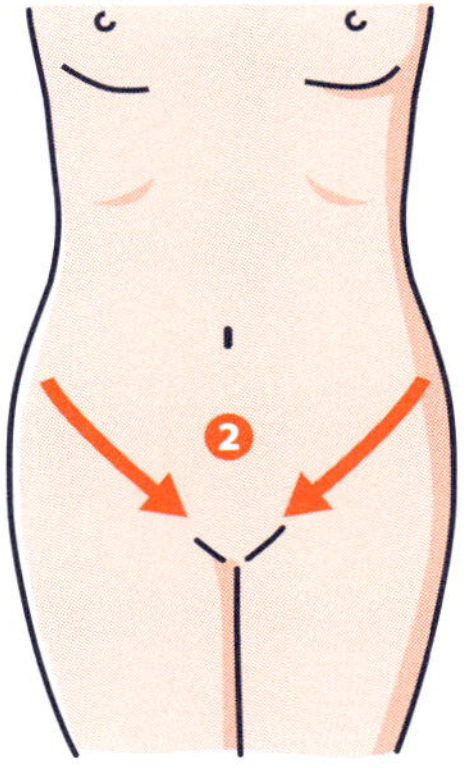

❶❷各10〜15回繰り返す

男性にも増えている冷え性の改善に

さまざまな内臓の不調に

馬油には血行を促進し、体を温める作用があり、塗ってマッサージすることで内臓の働きを整えることや、体の痛みや疲れをとることにもつながります。「疲れて体が重い」「食欲がない」など、ちょっとした不調を感じたら、入浴後のマッサージでリラックス。馬油を塗り、筋肉をほぐすようにさすりながらすり込みましょう。翌日の朝、痛みや疲れが和らいでいることを感じられます。

●肝臓
右の肋骨の下あたりにある肝臓のまわりを、なでるようにさすりましょう。肋骨の下に指を入れられる人は、ゆっくりと押し込みます。血流がよくなり、体調改善や疲労回復につながります。

●腎臓
おへその高さ、左右の背中側のウエストのくぼみあたりを、指の第３関節を使ってグリグリとマッサージしましょう。冷えやむくみの解消にもつながります。

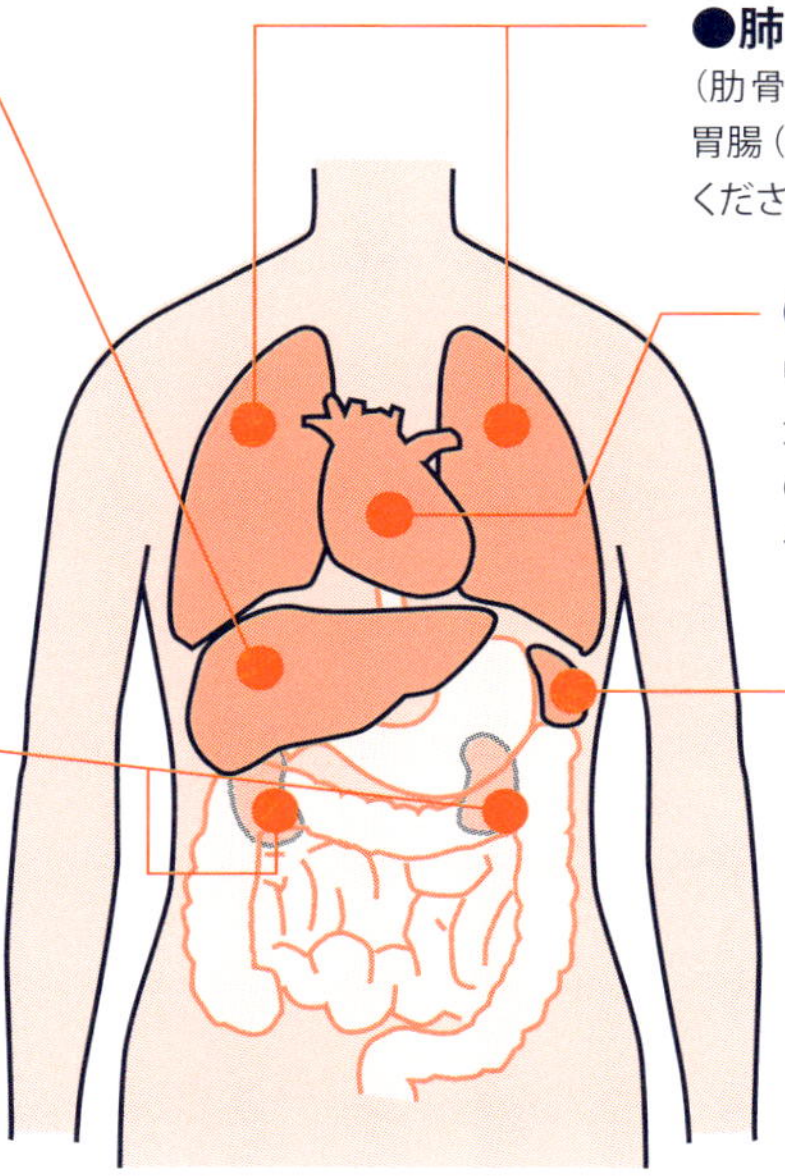

●肺
(肋骨まわりのマッサージ) はP62、胃腸 (お腹マッサージ) はP69をご覧ください。

●心臓
中心から外に向かって、左側の大胸筋をさすります。胸まわりの筋肉がほぐれて、肩こり改善や呼吸が深くなります。

●脾臓
肝臓の反対側、左の肋骨の下あたりにあるので、ここをさすって血行促進を。脾臓が弱ってしまう原因には血行不良があり、感染症やさまざまな病気になりやすくなります。

第4章

さまざまな悩みが解消！

馬油で改善した！みんなの体験談

「馬油を使ったら症状がよくなった」
「変化を感じた」という利用者の声を
ご紹介します。

美肌

最初はサラサラで気持ちいいくらいでしたが、数日後、**細かいシワや象みたいなひび割れが目立たない**……ほぼないと言っていいほど、なめらかになっていました。「ファンデーションを塗ったかな?」と錯覚するほどです。

（千葉県／女性／ 40代）

ネイルの上に少しずつ馬油をのせて、マッサージするイメージで広げます。**爪と皮膚の間がどうしても乾燥しがち**ですが、自分の手ではないくらいツルッツルになりました!

（東京都／女性／ 20代）

朝のメイク前に使うとファンデーションがきれいにのって、**キメが整った肌が長時間続きます。**化粧直しの回数も少なくて済みます。

（千葉県／女性／ 40代）

化粧下地にも使えるし、ボディマッサージにも使えて万能です。**ニキビ痕やクレーターが薄く**なってきました。

（埼玉県／女性／ 20代）

洗顔後、顔全体に薄くのばして使っていますが、**10円玉くらいのシミが真ん中から薄くなり**、目立たなくなりました。

（神奈川県／女性／ 70代）

お風呂上がりの体にのばすと、夜、気持ちよく眠れます。**足の裏にも塗っています**が、本当によくのびてベタベタしません。

（埼玉県／女性／ 30代）

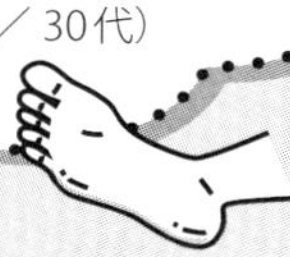

馬油と化粧水のみ。おすすめは、ハンドプレスするようにほうれい線、目尻、小鼻になじませる方法。長年のシワや毛穴が目立たなくなり、血色もよくなりました。私にとって**魔法のクリーム**です。

（群馬県／女性／ 50代）

赤ちゃんとのお風呂上がりは、私も一緒に馬油をささっと塗り、お世話が落ち着いてから自分の肌をお手入れします。私はアトピーがあるので赤ちゃんの肌も心配でしたが、今のところずっとツルツルです。（静岡県／女性／ 30代）

久しぶりに会った友人たちから**「色が白くなった」**と言われます。「シミやシワがなく、肌がきれい」とか「高い化粧品を使っているの？」とも聞かれます。
（長崎県／女性／ 70代）

長年馬油を使っている**88歳の母、とても肌がきれいで－10歳**に見られます。顔のつくりはイマイチだけど、肌は本当にきれい！　最近、娘の自分も馬油にシフトしました。
（兵庫県／女性／ 50代）

30歳を過ぎて乾燥肌に。どんなに高級な美容液やクリームを試しても「ごまかしている感じ」でしたが、馬油を使い始めてからは**「自分の肌が戻ってきた」と実感**しました。
（福岡県／女性／ 30代）

朝と夜に馬油を塗っているだけなのに、シワも年のわりにないし、肌も白いから、いつも**「お化粧しているの？」**と言われます。生きているうちは使い続けます。
（愛媛県／女性／ 90代）

塗り始めて３日で乾燥を感じなくなりました。肌が日に日にいい感じでつくられているようで、**お肌の曲がり角は、曲がらずに済みそう**です。
（鹿児島県／女性／ 20代）

皮膚

妊娠中後期に、静脈瘤の影響で**足のすねにアトピーのようなひどい湿疹**が。それから3年たっても治らず、かゆみも伴い、何を使っても改善されませんでした。しかし馬油を使ってしばらくたつと、すっかりよくなり驚きです。

（千葉県／女性／ 40代）


息子の敏感肌に悩んでいたところ、馬油を塗り続けていたら**学校のプールの水にかぶれなくなりました。**それからは家族みんなで使っています。

（神奈川県／女性／ 40代）

肌の乾燥がひどく、かゆみで体が傷だらけ。でも、馬油を使ってみたらかゆみがとれてよくなりました。入浴後、体全体に塗るのはもちろん、唇の荒れや寝ぐせ、手荒れにも使っています。
（愛知県／女性／ 30代）

妊娠4か月くらいからお腹に塗っていたら、妊娠線がまったくできませんでした。子どもにもお風呂上がりに塗って、**乾燥・おむつかぶれ知らず**です。主人もひげそり後に使っており、家族全員助かっています。
（熊本県／女性／ 30代）

アトピーで乾燥肌の私は、入浴・洗顔後に塗ることで、肌がしっとりします。主人はひげそり後に使っていて、**つっぱり感がない**と言います。2歳の息子は、生まれて1年くらいは湿疹などがあり、皮膚科で処方された保湿剤やステロイド剤を使っていましたが、今は馬油を全身に塗ってトラブルもありません。

（神奈川県／女性／ 30代）


じんましんがひどいのですが、馬油を塗るとかゆみがおさまります。先日、アイロンで手の甲をやけどしてしまいましたが、1週間塗り続けたら、ほとんど痕も残りませんでした。

（山梨県／女性／ 40代）

馬油を顔から首に塗って、毎日お手入れしていたら、首にあった**水いぼが気がついたら取れていました!**

（東京都／女性／60代）


私は、鼻をかみ過ぎると**鼻の下にヘルペス**ができてしまうのですが、馬油をたっぷり塗ると、傷にならず早くよくなります。

（埼玉県／男性／60代）

寝たきりの母の体を拭いて、馬油を塗ってあげています。痛いと言っていた**床ずれの痛み**が和らいできたようです。（東京都／女性／50代）

朝・夕、犬の散歩をしていますが、馬油を塗っているせいかシミがまったくないです。**料理中の油はねや虫刺され**にも使うと痕が残らないので、助かっています。

（長崎県／女性／70代）

昔から馬油を使っています。特に効き目があるのはやけどで、**冷やしてすぐに馬油を塗る**と痛みが和らぎ、痕も残りません。
（熊本県／男性／60代）

汗や乾燥で、膝や腕の関節、背中がかゆくなる娘には効果絶大。使い始めて1～2週間で皮膚の状態が格段によくなり、しっとりとしてきました。**かき過ぎてブツブツ**、あかぎれもきれいに。塗り続けないとダメかと思いましたが、2～3か月塗らなくてもかゆがらずに過ごしています。（茨城県／女性／30代）

指先のあかぎれがひどく、血がにじむほどだったのに、お風呂上がりに馬油をたっぷり塗ったところ、たった一晩でぱっくり開いたあかぎれの8割がふさがっていて、びっくりしました。（愛知県／女性／40代）

出刃包丁で指を切ったとき、すぐに馬油をたっぷりつけ、包帯で巻いておきました。すると痛みもおさまって血も止まり、2～3日後には薄皮ができていました。傷痕は多少残りましたが、即効性に驚きました。
（神奈川県／女性／40代）

育 毛

43歳の夫の育毛に使いました。洗髪後、馬油を**頭皮に塗り込み、指先で軽くたたくようにマッサージ**すること10分。これを続けて約1か月で細い毛が生え始め、2か月後にはみっしりと生えて、明らかに育毛効果が表れました。

（宮城県／女性／40代）

洗髪後、濡れた髪に少し多めに塗ってから乾かすと、驚くほどしっとり！　翌朝、**寝ぐせがブラッシングだけで直る**日もあります。
（東京都／女性／20代）

夜の入浴後と朝の洗顔後に顔につけ、手に残った馬油は髪につけています。肌がまったく乾燥せず、整髪料も使わなくなりました。べたつかず、**髪がふわっとしてとてもいい。**

白髪も増えないし、ハゲにもならない！（東京都／男性／80代）

生え際が薄くなって悩んでいる息子にすすめたところ、**細い毛が生えて**きて喜んでいます。私自身は、友人にシミが薄くなったと言われ、自分でも効果があったと感じています。

（東京都／女性／60代）


馬油配合のシャンプーを使用してから3か月ほど経過しましたが、**白髪が減ってグレーの髪**になりました！

（東京都／男性／60代）

お風呂上がりに髪をタオルドライしたままにしておくと、髪がパサパサしますが、馬油シャンプー、コンディショナーでしっとり潤っています。ドライヤーで乾かすと、多少くせがある髪も、ストレートパーマをかけたように**サラサラ髪に変身！**
（東京都／女性／50代）

馬油で頭皮をマッサージして、シャンプーも馬油配合のものに切り替えたら、**かゆみもフケも改善され、枝毛も少なく**なりました。

（埼玉県／男性／40代）

痛み

脳内出血で**左半身に軽度のまひ**があります。マッサージに行ってもあまりよくなりませんが、馬油でマッサージした日は調子がいいです。
（神奈川県／女性／ 50代）

膝の痛みに悩まされていましたが、膝の裏側に馬油を塗り続けたら、少しずつ改善してきました。
（鹿児島県／女性／ 60代）

膝が痛く、毎日馬油を膝に塗って軽くマッサージ。以前よりも**膝が曲がる**ようになりました。
（神奈川県／女性／ 70代）

デスクワークや家事の疲れで**慢性的な肩こり**に悩んでいました。入浴後、馬油を適量肩に塗ってマッサージするようにしたら、肩こりがなくなってきました。
（福岡県／女性／ 50代）

神経痛の父が、毎晩お風呂から出た後に馬油をすり込んで、痛みが和らいだと喜んでいます。血管が詰まり、バイパス手術をしたときも、馬油を塗ったら傷口の回復が早く、看護師さんもびっくりしていました。
（岡山県／女性／ 40代）

旅行に行ったときに足を捻挫し、そのとき売店にあった馬油を友人にすすめられ、バスの中ですり込みました。すると不思議なことに、4時間後の下車のときには**すっかり痛みが消えました。**膝の関節炎にも毎日すり込んでいます。きりきりとした痛みがとれて、サポーターいらずです。
（東京都／女性／ 50代）

娘が自転車で転倒、アスファルトで**右顔面を打撲。**幸い、頭は打っていなかったので、顔に馬油を塗り続けたところみるみるうちに回復し、医者にも行くことなく、顔面の傷もきれいになりました。
（埼玉県／女性／ 30代）

炎 症

長年いびきがひどかったのですが、綿棒で馬油を鼻の中に塗り続けていると、いつの間にか**いびきをかかなくなりました。**家族にも驚かれ、みんなに喜ばれています。
（東京都／女性／70代）

花粉症には絶対で、非常に重宝しています。ゴルフのときに鼻に塗り込んでいくと、その夜、目はシバシバですが、鼻はバッチリです。
（長崎県／男性／70代）

若い頃から切れ痔に悩まされていましたが、とある薬局で馬油を見つけ、使ってみることに。すると**出血や痛みがなくなり、**以来数十年使い続けています。痔に悩んでる知人にすすめたら、とても喜んでくれました。
（山梨県／女性／70代）

喉のいがいがには、1日に数回馬油をたらせばOK。鼻風邪っぽいときも同様に、1回1〜2滴を鼻にたらすと、すぐによくなります。
（神奈川県／女性／30代）

7年前からひどい花粉症に悩まされ、2月半ば〜5月の連休まできっちり鼻づまりでした。馬油を鼻に塗り始めると、**1週間ほどでびっくりするほどラクに。**病院で処方された薬は、口の中がただれて味覚障害になるほどだったので、本当に馬油さまさまです。
（千葉県／女性／30代）

口内炎に馬油を塗りました。すると、数時間で真っ白だった部分がどんどん薄れていき、2日で完全になくなりました。
（大分県／女性／40代）

出産直後、右半身がしびれて歯が浮いて**転げ回るほどの痛み**が。その痛みの部分に馬油を塗ってみると、1時間でおさまりました。歯痛はいつもすぐによくなります。
（兵庫県／女性／40代）

その他の不調

冷え性に悩まされていましたが、指先に馬油を塗ってマッサージを続けているうちに改善！

驚いています。

（群馬県／女性／20代）

足が冷えて、つることがよくあります。朝起き上がる前に馬油でマッサージすると、足が火照ってきて歩きやすくなります。
（愛知県／女性／60代）

犬の肉球保護にいいと聞いたので、早速塗ってみました。大型犬で外で走り回るため、肉球は硬くひび割れていたのですが、何回か塗ったらすべすべに！　なめても安心なので、塗った後に靴下をはかせなくても大丈夫です。
（東京都／女性／50代）

体調不良のときは耳から痛くなるため、馬油を綿棒につけて耳に塗布しています。最近は肌が輝いている、キメが細かい、つやつやしているなど、褒めていただいてうれしいです。（愛媛県／女性／70代）

中高年の性交痛にいいです。多くの人が、使ってみてそのよさがわかると思います。危機を救ってくれますし、不一致もなくなります。
（岐阜県／女性／40代）

20年来、動脈硬化で歩行困難となり、特に冬は症状がひどい状態。馬油を朝晩、足の裏に塗り続けていたら、最近は**足の悪さを感じなくなって**きました。

（山口県／女性／60代）


母と義母の看護のとき、**体を拭いた後は必ず、馬油を塗って**マッサージしてあげると、とても気持ちがいいと言ってくれます。血行がよくなり、肌もきれいになりますね。

（京都府／女性／50代）

気になるところに使って効果を実感！

馬油体験レポート

今までほとんど馬油を使ったことのないライターが、日頃気になるところに塗って、その効果を検証してみました。

●馬油洗顔

一番早く効果を実感したのは馬油洗顔。朝、馬油を顔にのばし、35ページの美顔マッサージをやり、少し置いてから普通に洗顔。するとこの後何もつけなくても潤っていて、もっちり柔らかい肌に。手で触った感じも違いますが、肌がなめらかになって化粧のノリが違います。

●顔のシミ・シワ

洗顔後は、シミ、そばかす、クマが気になる目のまわりと眉間のシワに塗り込み、そこから顔全体に薄くのばします。使い始めて約2か月、目の下のクマが薄くなり、目の下のシワ・たるみがなくなってきました。シミ、そばかす、眉間のシワは、若干薄くなりました。

●肩こり

毎日長時間パソコンに向かっているため、肩こり、目の疲れは慢性的。そこで、肩の一番痛いところ（肩井というツボあたり）に馬油をのばし、ツボを押しながらマッサージ。毎日入浴後に続けると、肩がこっている感覚が薄れてきて、パソコンに向かっているときも首や肩が少しラクに感じます。

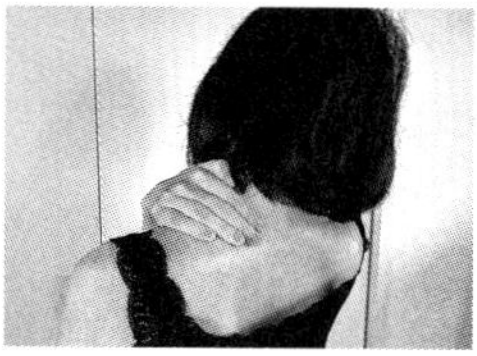

●頭皮マッサージ・ヘアケア

頭皮マッサージは入浴前に実行。地肌によくすり込み、指の腹でたたくように刺激を与えました。洗髪後は、毛先を中心に馬油をのばしてもみ込み、ドライヤーで乾かします。頭皮はもともと健康なほうなので、あまり変化は感じられず。髪の毛が伸びると毛先がからまりやすくなりますが、毛先のからまりが減り、指通りがよくなりました。

●日焼け

週末に友人の別荘に遊びに行き、庭でバーベキュー。日焼け止めを塗っていなかったので、首と両腕が真っ赤に日焼けしてしまいました。その日の夕方馬油を塗ると、少したったら火照りがおさまり、翌日にはヒリヒリした感じはなくなっていました。日焼けにはとてもいいです。

●靴ずれ

新しいパンプスを履いた日、早速靴ずれに。かかと部分がすれて水膨れができることが多いので、そうなる前にと思い、馬油を塗って絆創膏を貼りました。すると次の日にはよくなり、水膨れにならずに済みました。

●こむらがえり

お酒を多く飲んだ日や、夏にエアコンをかけたまま寝て足が冷えたとき、朝起きて急に伸びをしたときなどに、こむらがえりが起きました。起きてからふくらはぎが少し痛いなと思い、馬油を塗ってマッサージ&ストレッチ。痛みはわりと早く消え、数日間塗り続けて、こむらがえりはそれ以降起きていません。

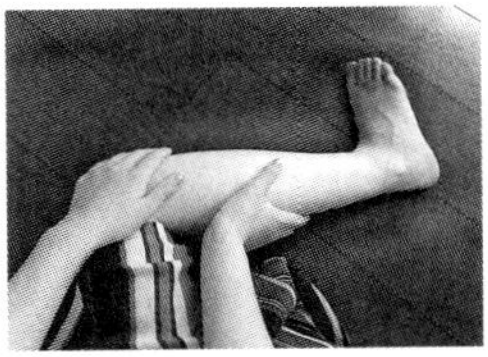

●爪のケア

爪のケアは、正直ほとんどやっていません。そこで、爪の根元に馬油をつけてのばし、根元~両サイド~爪先をマッサージ。数回やるうちに、ささくれになりそうだったところがきれいになりました。今後も続けます!

正しい使い方を知りたい！
馬油Q&A

馬油を使う際に心配なこと、わからないこと、よくある質問にお答えします。

Q 副作用は本当にない？

A 馬油は口に入っても害がなく、副作用もほぼありません。ただ、効きめは個人差があります。アトピー性皮膚炎、水虫、痔などの症状が馬油で改善したという症例は多くありますが、同じ使い方をしても効果が表れない人もいます。また、皮膚炎や日焼け後などに力を入れてすり込み、症状を悪化させてしまうこともあります。

馬油は他の軟膏と併用しても問題ありませんが、塗ってみて自分の肌には合わないと思ったら、使用を中止しましょう。アレルギーなどがある場合は特に個人差があるので、病院に行くことをおすすめします。

Q 油焼けしないの？

A 油焼けは、肌についた油分が紫外線や熱により酸化し、色素沈着や肌のシミ・くすみを引き起こすというものです。酸化の原因となるのはオイルに含まれる不純物であることが多いので、純度の高い馬油であれば大丈夫です。また、**馬油は肌に塗ってから数分で浸透していくので、油焼けの心配はありません。**ただ、塗り過ぎると浸透されず表面に残るので、気をつけてください。また、馬油は日焼けそのものを防ぐことはできないので、外出する際はUVクリームなどで紫外線対策が必要です。

Q 馬油が合わないかを判断する方法は？

A 馬油そのものではなく、不純物や添加物が肌に合

わない場合もあるので、よく調べて使うようにしましょう。また、開封してから時間がたち、酸化して肌の刺激になることもあります。開封直後でも合わない場合は、使用を中止しましょう。

Q 馬油製品、どれを選んだらいい？

A 純度の高い馬油であれば、馬油が持つ高い浸透力やそれによる効果をしっかりと実感できます。純度の低い馬油は不純物や添加物などが多く含まれている場合もあり、肌の弱い人はトラブルになる可能性もあります。逆に、肌にいい成分がプラスされている製品も多くあります。記載されている成分を確認して、選ぶようにしましょう。

また、馬油にはオイルタイプ、クリームタイプ、バームタイプがあります。オイルタイプはさらっとした使い心地で幅広く使えます。髪の毛に塗るときやマッサージするとき、お化粧前のブースターなどに向いています。クリームタイプはしっとりさらさらして浸透力が高いので、スキンケア、ボディケアなどに向いています。バームタイプは常温で白く固まっており、体温で温めると溶けて肌になじみます。保湿力が高いので、肘や膝、かかとなどのケアに向いています。それぞれの特徴を踏まえて、使い心地がいいと感じるものを選びましょう。

Q 馬油の使用期限・保存方法は？

A 保存状態や製品による違いはありますが、**使用期限は開封後3か月〜1年程度です。**純度の高い馬油は、夏は溶けやすくなり、冬は固まりやすくなります。これを繰り返すと酸化が進み、品質が劣化する場合もあるので、高温多湿、直射日光を避けて冷暗所で保存します。**冷蔵庫の野菜室での保存がおすすめです。**使用する際は体温で溶かすように塗布すると、肌になじみやすく効果的です。また、酸化を防ぐために、使った後はしっかりふたを閉めて保存しましょう。

Q馬油にはいろんな種類があるの？

A 馬油は馬の腹部やお尻を中心に抽出されますが、**たてがみの下の部分から取ったものを「こうね馬油」と言います**。「たてがみ馬刺し」としても食される部位から取れるもので、一頭の馬からわずかしか取れない希少な脂です。一般的な馬油と比べて融点が低く体温ですぐに溶けて、肌への浸透性が高く、肌なじみがいいのが特徴です。

Q目に入っても大丈夫？

A 馬油は口の中や鼻の中などさまざまなところに塗れますが、**目の中には入れないほうがいいでしょう**。まぶたの付近にできるものもらい（麦粒腫）を早く治そうと馬油を塗って、まばたきして目の中に入ってしまうことや、髪の毛と同様にまつ毛に塗って目に入ってしまうこともあります。油分が強いため目には刺激が強いということも考えられますし、目の中に入ると視界が曇る場合もあります。目のまわりに塗る場合は、使う量を少なくして、目に入らないように注意しましょう。

Q洗顔後、化粧前、馬油を塗る順番は？

A 馬油は肌への浸透力が高いので、他のスキンケアアイテムよりも早く肌の奥まで浸透します。そのため、お化粧前のブースター（導入液）に使うと効果的と言われています。**洗顔後にまず馬油を薄くのばし、その後に化粧水、美容液、乳液・クリームの順番にすると、高い保湿効果が得られます**。化粧下地に使う場合、馬油を塗ってすぐは化粧品の成分も皮膚に入り込んでしまう可能性があるので、馬油が肌に浸透するまで時間を置いてから、メイクするようにしましょう。

Q馬油を塗る時間、回数、使う量は？

A 塗る回数や量は症状によって異なり、それぞれのページで紹介していますが、時間は**基本的に夜寝る**

前がいいでしょう。人間の体は眠っているときにつくられるので、吸収したものを体に蓄えようとする夜がいいと言えます。頻度は、やけどや切り傷、化膿した傷などの場合、一日に2〜3回程度、夜は多め、朝は少なめに塗ります。

マッサージをする場合は入浴後の体が温まったときが効果的です。塗る量は、多く塗っても悪くはありませんが、多いほど効果がアップするという訳ではないので、基本はべたつかず、すべりがよくなる程度に、症状によっては多めに塗るのがいいでしょう。商品に「適量」と書かれている場合、顔であればクリーム↓お米1〜2粒、オイル↓1〜2滴が目安になります。

Q 油なのでべたつきが心配……

A 馬油は人の皮脂に近く浸透力が高いので、他の油に比べて塗った後もべたつきは少ないと言えます。しかし、脂性肌の人は特に、余計にひどくならないか心配という人もいます。**脂性肌の人は顔全体に塗るのではなく、シミの部分だけ、ニキビの部分だけなど気になる部分に少しずつ様子を見ながら使っていくことが大切です。**頭皮に塗る場合、べたつきが気になる人は洗髪前に、顔に塗る場合も洗顔前に塗ってマッサージし、その後洗い流すとべたつかずしっとりします。

Q 長年のシミには効かない気がするけど……

A シミへの効果は徐々に表れてきますので、根気よく塗り続けることが大切です。馬油を塗り始めて、シミが濃くなったと不安になる人がいます。これは、血行が促進されて新陳代謝が活発になり、肌の老廃物が押し出されて肌全体が明るくなり、シミが濃くなったように見えるのです。**諦めずに塗り続けていくと、肌のターンオーバーが正常になり、古いシミも少しずつ薄くなります。**

監修／福《ふく》辻《つじ》鋭《とし》記《き》

アスカ鍼灸治療院院長。日中治療医学研究会会員。日本東方医学会会員。30年以上で5万人以上にも及ぶ治療実績を誇り、「日本の名医50人」に選ばれた鍼灸師。カイロプラクティック、整体などを取り入れた独自の治療法で、全国から患者が訪れている。健康雑誌、テレビ番組などでも活躍中。230万部のミリオンセラーになった『寝るだけ！骨盤枕ダイエット』（学研）、『体が整うツボの解剖図鑑』（エクスナレッジ）をはじめ、著書は約70冊。
https://asuka-sinkyu.com/

ブックデザイン・イラスト／ティエラ・クリエイト（小沼修一）
編集協力／渡辺裕子
校正／小川かつ子
DTP／ティエラ・クリエイト（田中奈津子）

＜取材協力＞

株式会社薬師堂	https://www.yakushido.com/
株式会社ネオナチュラル	https://www.neo-natural.com/
肌美和（きみわ）株式会社	https://kimiwa.jp/
アイスタイル株式会社	http://i-style.tv/
株式会社 ディアラ（横濱馬油商店）	https://yokohama-bayu.com/
株式会社千興ファーム	https://www.senko-farm.com/

馬油《ばーゆ》の力《ちから》

発行日　2019年11月5日　第1刷発行

監修者　福《ふく》辻《つじ》鋭《とし》記《き》

発行者　清田名人

発行所　株式会社内外出版社
〒110-8578 東京都台東区東上野2-1-11
電話 03-5830-0368（企画販売局）／03-5830-0237（編集部）
https://www.naigai-p.co.jp/

印刷・製本　中央精版印刷株式会社

ISBN978-4-86257-484-8 C0077